华 章 图 书

一本打开的书，一扇开启的门，
通向科学殿堂的阶梯，托起一流人才的基石。

体验传递

游戏用户体验分析与设计

路行己◎著

机械工业出版社
China Machine Press

图书在版编目（CIP）数据

体验传递：游戏用户体验分析与设计 / 路行己著 . —北京：机械工业出版社，2020.10
（UI/UE 系列丛书）

ISBN 978-7-111-66675-2

I. 体… II. 路… III. 人机界面 - 产品设计 IV. TP11

中国版本图书馆 CIP 数据核字（2020）第 189855 号

体验传递：游戏用户体验分析与设计

出版发行：机械工业出版社（北京市西城区百万庄大街 22 号 邮政编码：100037）

责任编辑：高婧雅　　　　　　　　　　　　责任校对：李秋荣

印　　刷：三河市东方印刷有限公司　　　　版　　次：2020 年 10 月第 1 版第 1 次印刷

开　　本：186mm×240mm　1/16　　　　印　　张：16.25

书　　号：ISBN 978-7-111-66675-2　　　　定　　价：99.00 元

客服电话：（010）88361066　88379833　68326294　　　投稿热线：（010）88379604

华章网站：www.hzbook.com　　　　　　　　　　　　读者信箱：hzit@hzbook.com

本书法律顾问：北京大成律师事务所　韩光 / 邹晓东

前　言

为什么写作这本书

近年来，游戏用户体验设计作为一种新兴职业，逐渐被越来越多的游戏公司所认可。部分大型游戏公司甚至专门设立了游戏用户体验中心，以中台的形式全面支持公司内部的各个游戏项目。面对头部企业对用户体验设计的重视，很多中小型公司也逐渐认识到了游戏用户体验在精品化时代的价值并纷纷效仿。虽然行业内对游戏用户体验设计师的需求越来越旺盛，但是摆在公司和设计师面前的问题也越来越明显。

⊙ 对于公司来说，高价聘请了专业的设计师，却不知道如何发挥其价值，导致公司和个人双双蒙受损失。

⊙ 对于设计师来说，辛勤工作了数年，却一直没有触及游戏用户体验设计的核心工作，导致职业发展受限。

⊙ 对于设计新手来说，不知道如何快速掌握相关设计方法。

本书是一本旨在帮助读者解决这些问题的游戏用户体验设计入门读物，从游戏实现产品目标的原理谈起，逐渐深入地介绍游戏用户体验设计师的作用和价值、工作流程和工作内容、相关能力体系和设计方法论。

本书特点

本书是一本游戏用户体验设计的基础读物，意在帮助游戏用户体验设计师形成完善的能力体系和清晰的设计思维，从而推动游戏用户体验设计专业的健康发展。

明确游戏用户体验设计的价值和方向：本书基于游戏体验传递原理以及游戏产品目标，深入探讨了游戏用户体验设计的作用和价值，从而帮助设计师明确成长目标，帮助管理者理解如何发挥游戏用户体验设计的价值。

帮助游戏用户体验设计师形成完善的能力体系和清晰的设计思维：本书基于游戏体验传递原理确定了一套完整的设计能力架构，并对其中的核心能力和设计思维进行了详细的案例讲解。读者不仅可以掌握游戏用户体验设计中的核心能力和关键思维，还能建立起符合自身需求的知识体系，从而明确自身的优势与不足，确定成长方向。

读者对象与推荐阅读

读者对象	建议精读章节	建议速读章节
游戏专业在校学生	全部	—
希望转型策划的 UI 或美术工作者	1、2、3、4、5、6、7	8
游戏用户体验设计师	1、2、3、4、7	5、6、8
游戏策划	1、2、5、6、8	3、4、7
将游戏化设计思维应用到其他领域的设计师	1、2、3、4、5	6、7、8
希望了解游戏用户体验设计价值和作用的管理者	1、2	3～8
对游戏用户体验设计感兴趣的人	—	全部

本书结构

本书分为三部分。

第一部分（第 1~2 章）：**游戏用户体验设计的基本概念**。本部分阐述了游戏体验传递原理，从而帮助读者更加深入地理解游戏用户体验设计师的作用、价值以及能力体系。

第二部分（第 3～5 章）：**游戏用户体验设计师的分析与设计方法**。本部分将基于第一部分建立的能力框架，帮助读者掌握游戏用户体验设计师的核心分析和设计能力。其中主要包括游戏体验层的选择模型分析法、机制层的需求循环分析法和表现层的交互设计方法等，这些是进行游戏用户体验设计的核心。

第三部分（第6～8章）：**游戏用户体验的设计思维**。本部分从游戏设计思维、交互设计思维和视觉思维等理论角度，对第二部分的内容进行了高度总结和提炼，帮助读者形成游戏用户体验设计师的设计思维，并将其应用到更广泛的领域中。

说明：

①为了语境需求，本书中有时会将"用户"称为"玩家"，二者表示相同的意思；

②本书中的游戏是指在计算机、游戏机、手机等设备上运行的电子游戏，而非桌面游戏等其他类型的游戏；

③本书中的游戏图片均已取得相关授权或来源于免费的商用资源网站。

致谢

特别感谢中国传媒大学动画与数字艺术学院陈京炜教授、魂世界公司创始人刘哲先生和首席设计师林喆思先生，感谢你们为我提供了在传媒大学授课的机会，使我产生了撰写此书的想法。感谢在讲课过程中一直为我提供帮助的中国传媒大学动画与艺术学院宋戈副教授。

感谢 Stoic 公司授权使用 *The Banner Saga* 的图片，Fireproof Studios 授权使用 *The Room* 的图片，Halfbrick Studios 授权使用 *Fruit Ninja* 的图片，Happylatte 授权使用 *High Noon* 的图片。感谢 John Watson 先生、Barry 先生、Sam White 先生和 Bjørn Stabell 先生在授权过程中提供的帮助，感谢郑志强先生为本书提供的部分 ICON 素材。

感谢我的家人，感谢你们替我分担了大量的家务并且容忍我在深夜继续工作，没有你们的支持我是无法完成这本书的。特别是我的父母，在 1994 年就为我购置了计算机，并始终对游戏持开明的态度。本书的大量案例原型均来自 20 世纪 90 年代电子游戏创意黄金时期的作品，可以说没有这个时期的游戏经历，我是无法形成今天的游戏用户体验设计思维的。

感谢我工作过的所有公司——华清飞扬、FUNPLUS（Kings Group）、盖娅互娱、CD PROJEKT RED、玩蟹科技、昆仑在线，它们为我提供了大量的实践经验。

感谢和我一起工作过的同事，谢谢你们与我分享宝贵的经验。

感谢机械工业出版社华章公司的高婧雅编辑帮助我完善本书的结构设计和提升文字质量。

此外，感谢以下公司及网站为本书提供免费的图片和美术素材。

Chanut is industries：https://www.flaticon.com/authors/chanut-is-industries。

Stoic Studios：https://stoicstudio.com/。

Fireproof Studios：https://www.fireproofgames.com/。

Halfbrick Studios：https://halfbrick.com/。

Unsplash：https://unsplash.com/。

Pixabay：https://pixabay.com/。

Gameart2d：https://www.gameart2d.com/。

最后，感谢您对本书的支持。

目　录

前言

第一部分　游戏用户体验设计的基本概念

003　**第1章　游戏体验传递**

003　1.1　从游戏的定义到体验价值交换

005　1.2　游戏体验传递原理

009　1.3　产品中的游戏化设计思维

010　1.4　本章小结

012　**第2章　游戏用户体验设计**

012　2.1　用户体验设计的定义与目的

014　2.2　游戏用户体验设计师的作用与价值

016　2.3　游戏用户体验设计师的工作内容与主要产出

022　2.4　游戏用户体验设计师的能力需求

023　2.4.1　体验分析能力

024　2.4.2　机制分析能力

025　2.4.3　交互设计能力

027　2.5　本章小结

第二部分 游戏用户体验设计师的分析与设计方法

031　**第3章 利用选择模型分析游戏核心体验**

032　3.1　利用单选模型分析只与自身选择有关的游戏体验

038　3.2　利用双选模型分析受到异步干扰因素影响的体验

044　3.3　利用博弈模型分析受到同步干扰因素影响的游戏体验

045　3.3.1　具有优势策略的博弈模型分析

053　3.3.2　纳什均衡状态下的博弈模型分析

063　3.3.3　纯随机模型

064　3.4　本章小结

065　**第4章 利用游戏机制创造不同的体验**

068　4.1　减少需求循环的认知偏差

068　4.1.1　基于体验记录发现需求循环的认知偏差

072　4.1.2　通过可用性测试解决认知偏差

074　4.2　关注机制逻辑能否准确传达体验目标

077　4.3　基于体验目标优化机制

080　4.4　本章小结

081　**第5章 表现层的界面体验分析与设计**

082　5.1　易用性与体验效率

101　5.2　易学性与价值传递

102　5.2.1　信息层次清晰

110　5.2.2　信息表意准确

123　5.2.3　利用模式化设计

127　5.2.4　5秒检验法

130　5.3　情感化设计

131　5.3.1　利用界面的场景化设计增强游戏沉浸感

134　5.3.2　通过超出预期的反馈强化游戏的情感体验

137　5.3.3　寻找特定的视觉元素唤醒玩家的情感体验

139　5.3.4　还原有趣的操作体验创造操作中的情感体验

144　5.4　本章小结

第三部分　游戏用户体验的设计思维

149　第6章　游戏设计中的交互设计思维

149　6.1　心理模型与实现模型

150　6.1.1　心理模型

151　6.1.2　实现模型

152　6.1.3　基于两种模型引导玩家行为

153　6.2　目标导向设计

154　6.2.1　游戏中的用户目标

158　6.2.2　游戏中的商业目标

158　6.2.3　基于设计目标的逐层传递，优化游戏体验

159　6.3　基于游戏场景进行设计

160　6.3.1　归纳场景

161　6.3.2　分析需求

162　6.3.3　需求分级

163　6.3.4　设计优化

166　6.4　优雅的设计

166　6.4.1　目标聚焦

168　6.4.2　机制高效

169　6.4.3　界面简洁

171　6.4.4　操作有趣

174　6.5　本章小结

176　第7章　游戏设计思维

176　7.1　需求循环

178　7.1.1　关注需求循环的合理性

183　7.1.2　需求循环的过程体验

188　7.1.3　需求循环的理解成本

189　7.2　选择模型

190　7.2.1　如何选定模型

195　7.2.2　正确地进行模型分析

206　7.3　本章小结

207　**第8章　视觉原理**

208　8.1　基于视觉查询原理引导玩家认知

209　8.1.1　提升观看效率，引导阅读顺序

211　8.1.2　提升阅读体验，引导玩家认知

213　8.2　利用特征识别原理提升信息辨识度

214　8.2.1　通过颜色对比提升信息辨识度

218　8.2.2　利用外形和运动特征提升信息辨识度

221　8.2.3　利用纵深关系引导玩家注意力

223　8.2.4　通过信息间距影响玩家认知

225　8.3　基于图案处理原理的视觉传达

226　8.3.1　认知水平

228　8.3.2　特征差异

229　8.3.3　图形语义

230　8.3.4　信息变形

232　8.4　通过记忆激活建立游戏体验

232　8.4.1　视觉记忆的建立与体验优化

238　8.4.2　基于记忆关联构建多种类体验

246　8.5　本章小结

248　**写在最后的话**

250　**参考文献**

附录 A　本书提及的游戏作品与动漫作品[⊖]

附录 B　"思考与实践"参考答案[⊖]

游戏用户体验设计的基本概念

在谈论游戏用户体验设计之前，需要先区分游戏用户体验和游戏体验这两个极易混淆的概念。实际上，游戏用户体验关注的是用户在游戏时产生的体验感受。游戏体验关注的是游戏希望创造什么样的体验。在实际工作中，游戏用户体验是用户体验设计师的设计范畴，而游戏体验则涵盖了策划、美术、技术等多个专业领域的综合性设计成果，所以游戏用户体验只是游戏体验的一部分。

考虑游戏设计的特殊性，常用的互联网用户体验设计思维已不能很好地套用到游戏开发中，因此本部分将从游戏的基本概念谈起，由浅入深地介绍用户体验设计是如何应用到游戏设计中的。为了方便理解，下图展示了第一部分的核心内容。

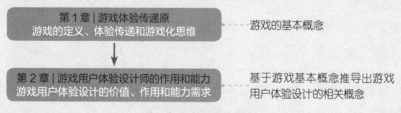

第一部分内容思维导图

图中，第1章的内容将帮助读者掌握游戏的基本概念和体验传递原理。第2章则基于体验传递原理介绍了游戏用户体验设计师的作用及能力框架。读者可以基于自身情况选择性阅读。

第 1 章 | 游戏体验传递

由于游戏的设计过程非常复杂，其创造体验的方式和作用也与很多互联网产品不同，因此如果要想在游戏设计中最大限度地发挥用户体验设计的价值，就要先弄清什么是游戏，它是如何影响玩家的，开发者又是如何通过游戏实现设计目的。本章将从游戏的基本概念谈起，逐渐深入到游戏的体验传递原理，帮助读者理解游戏是如何实现产品目标的。

1.1　从游戏的定义到体验价值交换

从过往的经验来看，游戏的定义是非常难以界定的，因为我们很难弄清能够决定一个事物成为游戏的关键因素有哪些。幸运的是，在《全景探秘游戏设计艺术》一书中，作者总结了大量前人对游戏的定义，并从中提炼出了 10 个决定事物能否成为游戏的关键特质。最后作者通过对这些特质进行归纳和总结，将游戏定义为"一种有趣的问题解决活动"。下面将从回顾这 10 个特质的归纳过程开始，来帮助读者理解什么是游戏。

1）**游戏是有意进行的**：游戏是一种玩家自愿进行的活动。玩家会自发地参与到游戏中去，而不会因为其他的原因被迫进行游戏。（当玩家被迫进行游戏时，游戏已经不再是游戏，如游戏代练。）

2）**游戏拥有目标**：游戏给玩家设立了不同的目标，需要玩家去完成。玩家参与游戏的目的大多和达成相应的目标有关，因此为了能够让更多的玩家参与到游戏中去，游戏会设计不同的目标满足不同玩家的需求。例如，在动作游戏中增加徽章收集的目标，让喜爱收集的玩家拥有更多的目标追求。

3）**游戏拥有冲突：** 这是玩家当前的游戏状态与达成游戏目标之间的冲突。玩家需要通过相应的行为去解决这种冲突。

4）**游戏拥有规则：** 任何游戏都需要一套游戏规则，玩家只有按照游戏规则进行游戏才能感受到游戏的乐趣。

5）**游戏中存在胜利与失败：** 对于大部分的游戏而言，只要存在游戏目标就会有成功和失败，而获得成功是大部分玩家的主要游戏目标。

6）**游戏是交互的：** 玩家在游戏中的行为会影响游戏的进行方式，而不像影视作品那样只能单方面地接受信息。

7）**游戏拥有挑战：** 由于存在游戏目标和玩家当前游戏状态的冲突，游戏就会令玩家面对不同的挑战。

8）**游戏能够创造内在价值：** 在游戏中，玩家会对某些用于实现游戏目标的事物产生价值感。这些事物只在游戏内部存在价值，脱离于游戏后就失去其价值。例如游戏币、游戏道具。

9）**游戏吸引玩家参与：** 游戏应该能够吸引玩家主动参与其中。

10）**游戏是封闭的正规系统：** 游戏是一个不需要借助外在规则的、自我循环的封闭规则集合，玩家可以基于这套规则在游戏中持续地游玩直到游戏结束。

仔细观察这 10 个特质，就会发现其中的一些特质存在雷同的情况，例如特质 1 和 9，4 和 10。而另一些特质存在一定的因果关系，例如特质 2（游戏拥有目标），使得特质 3、5、7、8 得以出现。因此我们可以基于这些特质重新进行归纳。由于特质 1 和 9 都谈到玩家会主动参与游戏，因此我们可以认为"有趣"是构成游戏的关键因素之一。特质 4 和 10 展现的是游戏的规则，因此"有自有规则"也是构成游戏的关键因素。最后，特质 6 强调了游戏的"互动"，特质 2 强调了游戏要有"目标"，而其他的特质只是特质 2 的衍生结果。通过归纳我们可以把游戏定义为一种"遵循自有互动规则的、有趣的目标实现过程"。而在《全景探秘游戏设计艺术》中，作者将游戏定义为"有趣的问题解决活动"，他将互动、目标和规则全部归纳到了问题解决活动中，这样的归纳显然更加优雅，也更贴近我们实际的游戏过程。

通过前面对游戏特质的归纳，我们似乎得到了完美的游戏定义，但值得注意的是，这个归纳似乎还存在思考角度的局限性，即整个思考过程都是从游戏玩家的角度出发的，缺少开发者角度的定义。

从开发者的角度看，游戏大多是为了实现某种目标而制作的。例如，通过游戏实现组织的盈利或宣传某种公益理念。所以在开发者眼中，游戏更像是一种"实现目标的手段或产品"。因此，当我们结合开发者的视角来思考游戏的定义时，我们可以将游戏理解为：

游戏是一种通过向用户提供有趣的问题解决体验，来实现开发者目标的手段或产品。

从这个定义中我们不难看出，有趣的问题解决体验是游戏提供给用户的价值，游戏通过向用户提供这种价值，实现开发者的目标。所以，当我们从开发者角度来看游戏时，游戏就是一种用于价值交换的产品。因此游戏的体验能否让玩家感觉"有趣"就是其能否实现开发者目标的关键。换而言之，游戏实现开发者目标的关键是能否向玩家提供足够有趣的游戏体验。

为了能够让玩家更加清晰地认识到游戏体验的价值，游戏用户体验设计师需要通过各种设计方法来将游戏体验有效地传递给玩家，而在了解这些方法之前，我们需要先探讨一下游戏是如何通过创造体验实现开发者目标的。

1.2　游戏体验传递原理

前面我们从游戏的定义了解到游戏从本质上讲是一种体验价值的交换，游戏通过提供某种体验，换取用户以实现开发者目标的产品。因此游戏用户体验设计师只有知道这个体验价值交换的过程是如何实现的，才能有效地协助开发者提升玩家体验，更好地实现游戏开发目标。

值得注意的是，在体验价值交换的过程中，体验并不能直接被玩家所感知，而是需要通过视觉、听觉等不同的媒介传递给玩家，因此设计师只有掌握了这个体验传递过程，才能充分地利用设计手段提升玩家体验。本节将从游戏体验价值交换的基本过程出发，由浅入深地介绍游戏体验传递原理。

1. 游戏体验价值交换的过程

由于游戏的体验价值交换过程是一个由开发者和玩家共同参与的过程，因此当我们希望更加深入地了解这个过程时，可以分别从开发者和玩家这两个不同的角度来进行分析。

（1）开发者角度的体检价值交换

从游戏的定义可以知道，游戏是实现开发者目标的一种手段或产品，而体验是开发者需要提供给玩家的交换条件。因此从开发者的角度上看，一定是先有自己的需求，再根据这个需求考虑向玩家提供什么样的游戏体验作为交换条件，使得交换能够成立。所以，对于开发者来说，游戏的体验价值交换过程是一个从开发者需求出发，通过向玩家提供相应体验从而引导玩家实现开发者目标的过程。

（2）玩家角度的体验价值交换

从玩家角度来看，游戏实现体验价值交换的过程，是一个从感官体验到心理体验，再到实际行动的过程。玩家通过游戏的机制、画面、操作、音效等多种心理和感官上的刺激，认识到游戏的体验价值并建立起体验需求。在这个过程中，玩家为了满足自身的体验需求就要按照游戏规则的要求做出不同的游戏行为。而其中一部分游戏行为就是实现开发者目标的有效行为。例如，付费购买虚拟物品，实现开发者的盈利目标。所以对于游戏玩家来说，游戏的体验价值交换过程是一个为了满足自身体验需求，而按照游戏规则做出满足开发者需求的行为过程。

（3）从体验价值交换到游戏体验传递原理

从前面的内容我们已经知道，开发者实现体验价值交换的过程是从设定开发者需求到满足玩家体验，而玩家感受到游戏体验价值交换的过程则是从玩家体验到满足开发者需求。因此，如果我们能够将这两种不同的视角结合起来也许就能更加清晰地理解游戏是如何实现体验价值交换的。

通常来说，当我们要将两种不同的思考视角结合起来时，最常见的方法就是求同存异，即整合它们之间的相同点并保留各自的差异点，从而形成思考视角更为全面的思维模式。

在体验价值交换的过程中，我们发现玩家和开发者在游戏诉求上存在着差异：开发者希望通过玩家的游戏行为满足其开发目标，而玩家则希望开发者能够提供满足玩家需求的游戏体验。值得注意的是，在这个差异点上，开发者作为游戏的发起者，在体验价值交换过程中拥有主导权，所以在游戏开发前，开发者会预测给玩家创造什么样的体验才能实现其开发目标。通常情况下，我们将开发者的开发目标称为**产品目标**，而需要创造的体验效果称为**游戏体验**。

　　现在我们知道，在游戏体验价值交换的过程中，开发者的诉求是实现产品目标，而产品目标是需要创造某种游戏体验才能实现的，并且这种游戏体验既要满足产品目标需求，也要满足玩家体验需求。此外，由于玩家无法直接感受到游戏体验，因此游戏体验需要通过机制设计和表现设计才能被玩家感知。

　　通过前面的总结，不难发现体验价值交换的过程更像是一个游戏体验传递的过程，如图 1-1 所示。

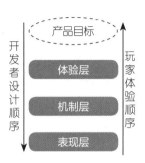

图 1-1　游戏体验传递过程

　　在图 1-1 中，我们从产品目标出发，将游戏的体验、机制和表现划分成不同的层级，并按照从上到下的顺序进行排列。这个顺序展示出了游戏从设定产品目标到确定表现效果的开发顺序。当我们逆向看这个图时，它展示了玩家从表现层到实现体验需求和产品目标的体验顺序。在这张图中，我们不难看出体验层是连接玩家需求和产品目标的关键一环，而它又需要通过机制层和表现层的逐层传递才能被玩家感知。我们将这个游戏体验在各个层级间传递的过程称为**游戏体验传递原理**。

　　由于游戏用户体验设计师关注的是玩家在游戏中的体验感受，因此设计师只有充分理解游戏体验传递的过程才能知道玩家的游戏体验会受到哪些因素影响。为此，我们接下来将详细地介绍游戏体验传递原理的各个设计层级，从而帮助读者更加清晰地理解这个体验传递过程对玩家游戏体验的影响。

2. 游戏体验传递原理的设计层级

由于游戏体验无法被玩家直接感知，因此游戏需要通过不同的设计层级来将体验传递给玩家。下面将详细介绍从体验层到表现层的定义，以便读者能够更加清晰地理解游戏体验传递原理对玩家体验产生的影响。

（1）体验层

体验层是游戏期望带给玩家的体验（感受）或心理变化内容，游戏通过提供某种体验满足玩家需求并影响其行为从而实现产品目标。值得注意的是，由于玩家之间存在体验偏好上的差异，因此设计师需要关注目标玩家的体验偏好，了解他们希望获得什么样的体验效果。在设计中，我们将玩家希望获得的体验效果，称为玩家体验目标或用户体验目标。此外，由于游戏研发团队在创造游戏体验时不能只关注玩家的体验目标，还需要关注体验能否有效地实现产品目标，因此从产品设计的目标出发，游戏体验应该既能满足玩家体验目标又能满足产品目标，我们将这种体验设计目标称为游戏体验目标或产品体验目标。值得注意的是，游戏对玩家的核心价值体现在游戏体验感受上，因此游戏能否满足玩家体验目标是游戏设计是否有效的重要参考标准。

（2）机制层

机制层是游戏玩法、世界观设定等规则的集合，在实际设计过程中，由于体验是无法被直接制作出来的，因此设计师需要以某种规则作为体验的载体，这种载体就是游戏的机制层。游戏机制是实现游戏体验的规则集合。游戏机制起初在概念上非常接近游戏类型，如 RPG（角色扮演）、RTS（即时战略），但是随着游戏的发展，游戏体验变得越来越复杂，游戏机制也逐渐脱离了游戏类型的限制，因此基于游戏类型分析游戏机制的方法已经不再适用于现代游戏设计。在实际工作中，用户体验设计师常常通过游戏开发初期的用户调研和开发后期的可用测试来帮助策划优化游戏机制。

（3）表现层

表现层是将游戏机制和游戏体验展现给玩家的重要媒介。在游戏设计中，技术、美术和音效团队会专注于利用视听技术创造出引人入胜的感官体验，从而将游戏体验转化为可以被玩家直接感知的游戏内容。因此玩家在游戏中正是通过表现层获得游戏体验的。

（4）体验传递偏差

在实际游戏过程中玩家的体验受到游戏体验传递效果的影响。当体验层的体验效果能够准确地传递到表现层时，游戏的体验目标就会在表现层完美地展现出来，从而被玩家准确地感知。如果在某些层面上存在传递偏差，就可能导致玩家无法获得预期的体验效果。因此游戏用户体验设计师提升玩家游戏体验的方法之一，就是减少这种体验传递偏差对玩家体验产生的负面影响。

通过游戏体验传递原理，我们对游戏实现产品目标的方式已经有了更加清晰的认识。值得注意的是，在很多互联网产品中同样存在着游戏化的设计思维，这些产品希望通过游戏的形式，提升产品的某些数据表现，例如用户活跃度、用户留存率等。而这种设计思维也符合游戏体验价值交换的设计模式，因此下面将基于前面的分析结果，探讨一下如何更好地实现互联网产品的游戏化设计。

| 思考与实践 |

选择一个游戏，用简单的语言叙述出某个核心设计的体验层、机制层和表现层。

1.3　产品中的游戏化设计思维

前面提到游戏是一种通过向用户提供有趣的问题解决体验来实现开发者目标的手段或产品，因此这就使得游戏的概念变成了一种更为宽泛的产品设计概念。换句话说，如果设计师可以将那些本来不是游戏的产品设计成一种有趣的问题解决体验，并将这种趣味性用于提升产品目标的实现效果，那么这些产品就具有了游戏属性，也就是我们所说的**游戏化**。

在互联网行业中，游戏化设计被认为是一种提升用户留存率、活跃度和传播意愿的有效设计手段。设计师们通过增加应用内的用户等级体系、排名功能或成就徽章等机制，试图建立用户的成长感、竞争关系或成就感，从而提升用户的产品忠诚度。设计师还经常通过增加分享机制，鼓励用户在社交网络上主动传播产品内容，从而提升产品的传播效率。在实际应用中，这些游戏化的设计不仅增加了用户使用产品的乐趣，还在一定程度上提升了产品目标的实现效果。但值得注意的是，这些游戏化的设计大多提升的是产品核心功能之外的乐趣体验。这就使得游戏化所带来的乐趣体验更像是用户使用产品过程中的小插曲，虽然非常有趣，但并不能作为一种核心吸引力，大幅提升产品目标的实现效果。

从游戏的定义来看，我们认为之所以会发生这种情况是因为游戏化的设计并没有让产品核心功能的使用过程变成一个"有趣的问题解决体验"，即用户在核心功能的体验上并没有形成游戏性质的体验价值交换。换言之，如果我们能够提升产品核心功能的游戏化体验，就能让用户产生某种体验价值交换的需求，从而提升用户对核心功能的依赖，更高效地实现产品目标。例如在健身应用中，如果我们希望提升用户的活跃度，就可以考虑将锻炼身体的核心功能设计成冒险游戏的方式。这种设计使得用户在使用该功能的过程中不仅满足了锻炼身体的需求，还获得了额外的乐趣体验，从而进一步增加了用户的参与意愿。其中，这种用户参与意愿增加的部分就是用户为了获得更多的乐趣体验所形成的体验价值交换。在实际应用中，任天堂公司的《健身环大冒险》正是进行了类似设计。该作品通过体感操作把锻炼身体的过程设计成了冒险游戏。玩家在锻炼身体的过程中可以不断地通过收集奖励、击败对手、跨越不同的障碍，来获得极高的乐趣体验，而这种体验加上锻炼身体的效果，也使得该作品一上市就获得了巨大的成功。此外，对于一些产品来说，也许不适合将用户使用核心功能的过程进行游戏化设计。对于这种产品来说，可以思考如何引入与核心功能联系更加密切的辅助功能来更好地提升游戏化设计，从而实现对产品目标的助力作用。例如，在健身类产品中增加成就类功能就要比社交类产品更加有效，这是因为锻炼身体的过程更容易建立用户的成就感，通过增加成就系统可以更好地强化用户的成就感，从而带给其更强的持续参与意愿。

综上所述，在基于游戏的设计思维进行产品设计时，游戏化的乐趣性越强，涉及的内容越接近核心功能，对产品的体验效果和数据表现也越有帮助。至于功能如何设计则需要根据产品的功能特点和用户的体验目标特点进行单独定制。

1.4 本章小结

本章主要介绍了游戏的定义，游戏体验价值交换的过程以及游戏体验传递原理。在游戏定义的部分，我们从玩家和开发者两个角度进行了分析。

随后，我们基于这个定义，阐述了游戏实现开发者目标的方式是一种体验价值交换，即游戏通过创造某种体验价值满足玩家的体验需求并促使玩家实现开发者的目标。

　　在深入分析体验价值交换的过程中，我们发现游戏的体验设计虽然是满足产品目标和玩家体验需求的关键，但是体验设计无法被玩家直观地感受到，它需要通过游戏的机制和表现设计传递给玩家。在体验游戏时，玩家需要通过游戏的表现层获得感官刺激，并逐渐深入地理解游戏的机制，最终获得相应的游戏体验。基于游戏体验传递原理，我们发现游戏体验在传递的过程中可能会出现设计偏差，从而导致玩家无法准确地感受到游戏的体验设计，因此游戏用户体验设计师应该关注这种体验传递过程中的偏差。

　　最后，我们基于游戏体验传递原理，谈到了游戏化设计思维的深度应用。在这个过程中，我们认为简单地借鉴游戏中的排名、成就等系统并不能充分地利用游戏化设计提升互联网产品的表现。如果我们能够基于产品特点增加其核心功能的游戏化体验，则能够带给产品更好的表现效果。

　　现在我们已经对游戏的体验传递原理有了基本的认识，这也为我们接下来了解游戏用户体验设计的作用和方法做好了准备。

第 2 章 | **游戏用户体验设计**

我们已经在第 1 章探讨了游戏的定义，也通过分析游戏的体验价值交换过程认识到，游戏是通过体验传递原理实现产品目标的。由于游戏用户体验设计关注的是玩家在游戏过程中的体验感受，而体验传递原理正是玩家获得游戏体验的重要方式，因此本章将基于游戏体验传递原理，探讨游戏用户体验设计如何在游戏开发过程中发挥作用。不过在探讨此问题之前，我们首先需要知道用户体验设计的定义和设计目的。因为只有知道了这些概念，才能将用户体验设计有效地应用到游戏开发中。

2.1 用户体验设计的定义与目的

从字面意思理解用户体验设计的定义时，我们可以将其拆分成"用户体验"和"设计"两个部分，其中"用户体验"又可以拆分成"用户"和"体验"两个概念，这里的用户是指产品的使用者，而体验是指用户在某个过程中形成的经验、情感和情绪的集合对其产生的心理影响。因此我们可以认为"用户体验"就是"用户使用产品过程中形成的心理感受"。如果在"用户体验"后面再加上"设计"的概念，就可以将用户体验设计定义为**"设计用户使用产品过程中的心理感受"**。

既然用户体验设计是一种设计行为，那么就一定会有其设计目的，而设计目的正是确定设计方法，发挥设计价值的重要依据。所以为了让设计过程做到有的放矢，我们接下来先要确定用户体验设计的目的。

在传统的产品设计概念中认为用户体验设计的目的就是"以用户为中心提升产品使用过程中的使用感受"。在这种理念的影响下，很多设计师认为"用户利益至上，追求极致用户体验"就是用户体验设计目的。他们认为用户体验设计师就是用户需求的代言人，应该不惜一切代价将产品的用户体验做到最好。但在实际工作中，这种做法最后导致产品的成本大幅提升，开发周期被无限拉长，并且可能导致产品目标无法实现。之所以会发生这种情况，主要是因为当设计师专注于维护用户体验感受时，就可能造成设计方案与产品目标相矛盾的情况出现。例如，当我们设计产品内置的广告页时，如果以用户体验为优先考虑对象，就需要为用户提供便捷的关闭设计，但这同样会导致广告的转化率下降，从而削弱产品实现盈利目标的效果。

因此，用户体验设计师作为开发团队的一员，首先应该对产品的开发结果负责，而衡量开发结果是否有效的关键指标是能否实现产品目标。所以当我们重新审视用户体验设计目的时，不难发现它必须是能够提升产品目标实现效果的。因此接下来，我们将以最常见的盈利性产品为例，来探讨如何正确地设定用户体验设计目的。

对于盈利性产品来说，用户体验设计的目的应该能够有效地提升产品的盈利能力。例如，在一手交钱一手交货的买断制商业模式下，由于产品满足用户需求的程度直接决定着用户的购买意愿，因此，在同等条件下能够"以用户为中心"将体验做到极致的产品往往更容易获得消费者的青睐，盈利效果更好。但是随着免费模式的出现，盈利需求和用户需求之间开始出现了矛盾。例如，在免费游戏中，如果某件物品既可以免费获得也可以付费购买。当玩家需要这件物品时，优先提示哪种获取渠道就成为盈利需求和用户需求之间的矛盾点。在这种场景下，如果优先提示免费获取的方法就会降低付费的效果，反之则可能影响免费玩家的游戏体验。因此设计师经常需要根据设计方案对矛盾双方的影响效果进行权衡，从而给出一个最佳的折中方案。通过这个案例我们不难发现：当商业模式变化时，"以用户为中心"的设计口号好像会误导我们对设计目的的理解。因此，为了更准确地定义用户体验设计的目的，就需要回归到它作为一种设计手段的价值本质：**通过设计提升产品的竞争力**。在不同的商业模式下这种价值本质是不会改变的，而提升产品竞争力的根本是实现产品的目标，因此结合用户体验设计的定义："设计用户使用产品过程中的心理感受"，我们认为用户体验设计的目的是：**通过设计用户使用产品过程中的心理感受，实现产品目标**。

| **关键点提示：**用户体验设计的目的是通过设计用户使用产品过程中的心理感受，实现产品目标。

现在我们已经知道了什么是用户体验设计以及它的设计目的，接下来将结合游戏体验传递原理，探讨如何在游戏设计中发挥游戏用户体验设计师的作用。

2.2 游戏用户体验设计师的作用与价值

我们已经知道用户体验设计的目的是通过设计用户使用产品过程中的心理感受，实现产品目标。根据游戏体验传递原理，我们知道游戏实现产品目标的过程是一个双向传递过程，即开发者从体验层到表现层设计的设计过程与玩家从表现层到体验层感受的体验过程。因此，如果用户体验设计师能够在这种体验传递过程中，通过设计用户的体验感受，有效地提升产品目标的实现效果，就能在游戏开发中发挥重要的作用。

那么用户体验设计师是否有机会设计用户的体验感受，从而提升游戏的产品目标实现效果呢？

答案是肯定的。因为基于游戏体验传递原理，当游戏体验在多个设计层级间传递时，其体验效果一定会因为设计形式的转换而产生偏差，从而导致玩家体验感受与设计预期不符，游戏实现产品目标的能力下降。因此，如果用户体验设计师能够减少这种体验传递上的偏差，就能有效地提升游戏实现其产品目标的实现效果，发挥设计作用。

基于以上思考，我们可以基于不同设计层级的特点，确定用户体验设计师能够发挥的作用。

1. 游戏用户体验设计师的作用

在游戏体验传递过程中，游戏的产品目标需要通过体验层、机制层和表现层才能实现。在体验传递过程中，体验传递偏差会造成产品实现其目标的效果下降。接下来我们将简单地介绍一下各个设计层级中是否会产生体验传递偏差，以及设计师如何避免这些偏差的出现。

1）**体验层**：体验层是衔接产品目标的关键设计层级，如果体验设计与玩家需求存在偏差，就会导致游戏实现产品目标的效果下降。因此开发团队非常重视游戏体验能否有效地满足玩家体验需求并引导玩家实现产品目标。在实际工作中，游戏用户体验设计师可以基于选择模型分析法，通过用户调研或可用性测试，收集玩家在特定游戏场景中的体验反馈，从而帮助开发团队分析游戏体验设计的效果是否有效。

2）**机制层**：从游戏策划的角度来看，游戏的机制是能够带给玩家有效体验的，但是从玩家的角度来看是否真的如此呢？答案肯定是不确定的。因为每个人在面对相同的规则时，所产生的反应是不同的，因此用户体验设计师还可以跳出策划的游戏机制设计思维，从玩家需求的角度出发，反向思考游戏机制对玩家体验和行为的影响，从而协助开发团队判断游戏机制能否让玩家获得有效的游戏体验。

3）**表现层**：游戏展示机制或规则的方式有可能无法被玩家正确理解，从而导致玩家做出错误的决策，游戏无法实现产品目标。因此游戏的表现层设计需要体现出"规则的易理解性"，而这种设计需求恰恰属于用户体验设计的易学性设计范畴。此外，游戏的操作方式能否让玩家高效地获得游戏体验，游戏的表现方式能否带给玩家有效的情感化体验也是用户体验设计师可以协助开发团队进一步优化的问题。

通过前面的介绍，我们不难发现游戏用户体验设计师的作用就是基于游戏体验传递原理，减少体验传递过程中的偏差，从而提升游戏实现产品目标的能力。

| **关键点提示**：游戏用户体验设计师的作用是减少体验传递偏差，提升游戏实现产品目标的能力。

通过减少游戏中的体验传递偏差，用户体验设计师可以在不同的游戏项目中发挥出不同的价值。

2. 游戏用户体验设计师的价值体现

结合游戏项目特点、设计师的个人能力以及游戏行业的发展状态来看，游戏用户体验设计师的价值主要体现在以下 5 个方面。

将游戏内容准确且高效地传递给玩家：在大多数游戏开发中，游戏用户体验设计师需要将游戏策划设计出的游戏规则、游戏体验感受通过适当的设计方法，更加高效地传递给玩家。在这里设计师就像是一个语言的组织者，他用更为生动和精准的语言向玩家表达出准确的语义，从而让玩家能够正确地理解游戏想要传递给玩家的内容。

为游戏机制提供优化参考：有些游戏用户体验设计师会掌握一定的分析方法且拥有大量游戏经历。这些设计师可以基于游戏的产品目标，结合自身的游戏和设计经验，从玩家需求角度提出游戏机制上的优化建议。不仅如此，这些设计师还能通过可用性测试帮助游戏策划更好地找出游戏机制在体验方面的问题，从而更加客观地发现机制上的设计问题。

基于新平台创造更好的交互体验：游戏用户体验设计需求的爆发期一般都处在新兴交互游戏崛起的初期。例如，网页游戏、手机游戏以及 VR 游戏兴起时，这些游戏都产生了大量的用户体验设计师需求。这是因为新兴的平台往往伴随着交互方式的改变，而这种改变使得原有的游戏交互方式无法适应新平台上的玩家操作需求。因此，当开发者在一种新的交互平台上设计游戏时，就需要用户体验设计师设计出符合平台操作习惯和游戏体验目标的交互方案，从而确保游戏体验符合预期。

为独特的游戏机制提供优质的交互方案：对于机制创新的游戏来说，用户体验设计师在游戏交互设计上依然能够发挥很大的作用，例如在 Supercell 推出的《皇室战争》（*Clash Royale*）中，很多操作设计并没有太多的参考对象，都是基于游戏机制的特点独创的，而如何将这些独创的游戏机制通过有效的交互形式展现给玩家，就是用户体验设计师的重要工作。

优化配置开发资源：在目标导向的设计理念下，用户体验设计师可以更加有效地将美术资源和技术资源分配到对玩家体验影响更强的游戏内容开发上，从而提升游戏开发资源的使用效率。例如，用户体验设计师可以根据游戏机制的设计和玩家偏好，来减少非关键界面的美术资源投入。这样不仅减少了美术设计人员的工作量，还可以减少游戏的加载次数，从而提升玩家体验的流畅性。

我们已经探讨了游戏用户体验设计师在游戏开发过程中的作用和价值。接下来，为了能够让用户体验设计师有效地融入开发团队，我们将从实际工作流程谈起，逐渐深入地探讨设计师在游戏开发中的参与方式。

2.3　游戏用户体验设计师的工作内容与主要产出

前面提到游戏用户体验设计师的作用是通过减少体验传递的偏差，从而更好地实现产品目标。接下来，我们将要探讨如何让用户体验设计师有效地参与游戏开发过程，使其既能发挥作用又不会对既有开发流程产生太大影响。

1. 用户体验设计师的工作内容

由于用户体验设计师的作用是减少玩家体验的偏差，提升产品目标的实现效果，因此设计师首先要对游戏设计和用户需求足够的了解。为此，设计师要在游戏立项初期通过参与游戏的竞品分析和用户调研工作,对游戏的设计思路和用户体验偏好有一定的掌握。其次,在游戏开发过程中,设计师需要基于游戏策划的机制设计,思考如何有效地将游戏机制及其所产生的体验效果准确地传递给玩家。在这个过程中,设计师需要通过原型设计将自己的设计思想展示给团队成员,以便团队成员充分地理解。所以在游戏开发过程中,原型设计也是设计师需要完成的必要工作之一。最后,设计师还需要对游戏的体验传递效果进行检查并给出优化建议,因此在游戏的测试阶段,用户测试和数据分析也是必要的工作。综上所述,用户调研、竞品分析、原型设计、用户测试和数据分析都是用户体验设计师需要间接参与或直接完成的工作。我们可以通过图 2-1 更加方便地理解这些工作在游戏开发过程中的位置。

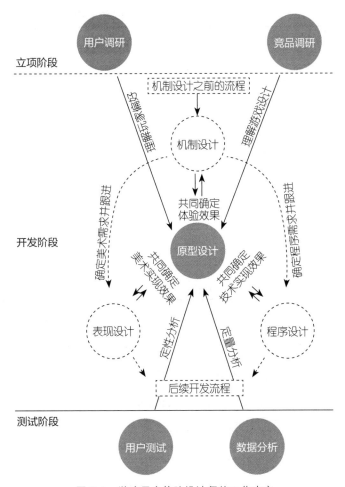

图 2-1　游戏用户体验设计师的工作内容

图2-1展示了用户体验设计师在游戏开发过程中的主要工作内容。其中，在游戏立项阶段，用户体验设计师通过用户调研和竞品分析来掌握玩家的体验偏好和类似产品的设计点和优化点，并将其作为原型设计的参考依据。在游戏开发阶段，设计师要与游戏策划、美术设计人员和程序开发人员持续沟通并确定游戏机制在界面设计上的设计目标与实现效果，并通过原型设计将设计思路展示给团队成员，以此作为相关工种的设计依据和工作内容参考。最后，在游戏测试阶段，用户体验设计师还会通过用户可用性测试或数据分析的方法来发现之前存在的设计问题并给出优化建议，从而协助开发团队提升游戏的体验效果。为了便于读者更加清晰地了解这些工作，表2-1详细列出了各项用户体验设计工作的作用和产出。

表2-1　各项游戏用户体验工作的作用和产出

阶段	工作	作用	产出
立项	用户调研	① 发现玩家群体特点 ② 发现游戏中存在的体验问题	调研报告
	竞品分析	① 更深入地理解游戏规则的设计目的 ② 更好地把握游戏中的体验效果 ③ 发现优化空间	竞品分析报告
开发	原型设计	① 从玩家体验需求出发，与策划探讨机制设计的优化点 ② 利用视觉原理将游戏规则清晰地传达给玩家 ③ 协助美术创造出能够深入人心的视觉体验 ④ 解决界面的易用性问题 ⑤ 基于游戏体验目标，创造富有乐趣的交互形式 ⑥ 基于自身经验和测试反馈协助策划优化游戏系统设计规则	原型设计
测试	可用性测试	① 找出已知体验问题的成因 ② 发现潜在的体验问题	测试报告
	数据分析	① 监控游戏状态 ② 发现游戏玩家的异常行为，作为可用性测试和用户调研的参考依据	数据报告

表2-1展示了游戏用户体验设计的工作作用和主要产出。值得注意的是，在不同的游戏公司中，用户体验设计的定位也各不相同，这使得很多工作是由其他部门完成的。例如在大部分游戏公司中，游戏数据分析是由运营部门完成的，而用户调研和竞品分析则是由专门的用研部门和评测部门完成的。在这种情况下，用户体验设计师需要与这些部门协同工作并从中获得相应的信息作为设计依据。

2. 原型设计与可用性测试的主要工作与产出

在大多数公司中用户体验设计师的主要工作是原型设计和可用性测试，下面笔者将简单介绍这两项核心工作的内容产出，帮助初学者理解这些工作的作用。

（1）原型设计

在大多数公司中，设计交互原型是用户体验设计师的主要工作之一。交互原型大多是对游戏界面的低保真还原，其作用是将设计思想呈现给开发团队的其他成员，并作为后续工作的依据。下面列出了原型设计在游戏用户体验设计工作中的主要作用：

1）展示设计师思路的重要媒介；

2）策划人员提出美术、技术等开发需求的依据；

3）美术设计的依据；

4）程序功能开发的依据。

为了便于新人更直观地理解原型设计的内容，图 2-2 将通过一个简单装备的宝石镶嵌界面展示原型设计所应包含的基本内容。

在图 2-2 中，设计师首先基于游戏机制设计出了界面的主要状态：宝石已镶嵌状态和宝石未镶嵌状态。随后，针对不同的界面状态，设计师再针对关键功能和控件逻辑进行描述。最后在界面的右侧，设计师还会将主要控件的尺寸或其他逻辑信息单独列出来，方便美术设计人员和程序开发人员进行参考。所以在一个原型设计中，我们经常需要列出的信息主要有：关键的界面状态效果、界面之间的切换逻辑，还有特殊控件的说明。

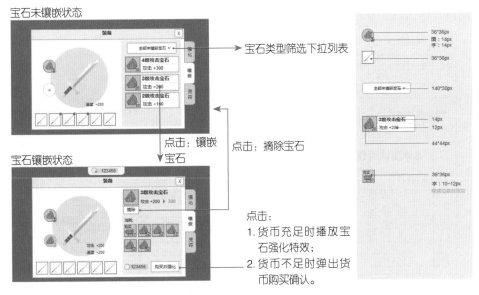

图 2-2　原型设计示意图

此外，除了以图片文字的形式制作原型外，很多设计师还会制作动态界面原型或可以操作的交互原型来展示自己的设计思路，这些方式可以更加直观地将一些界面逻辑和动态效果展示给其他团队成员。

（2）可用性测试报告

可用性测试是一种通过对用户进行特定产品内容测试从而发现体验问题的方法。可用性测试报告是这种测试的结果说明。在实际工作中，可用性测试报告可以有效地展示出目前游戏存在哪些问题以及产生这些问题的原因。其主要作用如下：

1）帮助开发团队确定体验问题的产生原因；

2）发现潜在的体验问题；

3）作为游戏优化的参考依据。

图 2-3 列出了一种常见的可用性测试报告格式。从图中可以看到，该报告主要包含测试概况、问题列表和问题详情三大部分。

可用性测试报告

测试游戏	测试版本	测试设备	单次测试时长	测试人数
游戏名称	1.0.102.0	设备名称	1~1.5小时	10

一、测试概况

1.1　测试目标

描述本次测试希望解决的问题。

1.2　测试用户

序号	用户类型	人数	用户来源	年龄分布	筛选方法
1	核心玩家	5	网络招募	24~28	问卷调查
2	新手玩家	5	网络招募	25~28	问卷调查

1.3　整体建议

基于测试结果对影响游戏实现产品目标的主要因素提出建议。

二、具体测试问题描述

2.1　问题列表

序号	玩家需求	涉及界面	重要性	测试内容及方法	犯错率		
					核心玩家	新手	平均
1	战斗相关	主界面	P1	观察玩家进入游戏后的关注点，测试玩家能否根据要求准确找到相应功能的入口	100%	100%	100%
2		邀请好友	P2	邀请好友组队战斗	20%	40%	30%
3		英雄	P1	查看英雄技能	20%	20%	20%
4		装备预设	P2	让玩家修改出战装备配量	40%	80%	60%

图 2-3　可用性测试报告范例

2.2　问题详情

本部分详细介绍了不同玩家在完成测试任务时遇到的问题。

问题 1：

界面	重要性	测试内容及方法	测试者	玩家出错情况
主界面	P1	观察玩家进入游戏后的关注点。测试玩家能否根据要求准确找到战斗功能的入口	1	玩家出错时的关键行为描述
			2	玩家出错时的关键行为描述
			3	玩家出错时的关键行为描述
			4	玩家出错时的关键行为描述
			5	玩家出错时的关键行为描述
			6	玩家出错时的关键行为描述
			7	玩家出错时的关键行为描述
			8	玩家出错时的关键行为描述
			9	玩家出错时的关键行为描述
			10	玩家出错时的关键行为描述

问题截图

问题示意图

优化建议：给出解决问题的建议内容。

图 2-3　（续）

1）"测试概况"部分主要包含了测试目的、测试方法、测试的用户类型、主要测试结论、核心问题及解决方法。

2）在"问题列表"部分，列出了游戏设计不满足玩家需求的设计问题以及导致这些问题出现的原因。

3）在"问题详情"部分，报告详细介绍了不同测试玩家的游戏行为是如何导致测试问题出现的，并且展示了游戏出现问题的截图和优化建议。

注意，随着可用性测试的目的不同，测试报告中的有些内容可能会出现变化。例如，针对已上线项目的可用测试报告可能还需要加入优化周期或优化成本的预估，但这些都是非必要内容。

现在我们已经知道了如何将用户体验设计的工作融入游戏开发过程中，也清楚了这些工作的作用和关系。这使得我们已经对游戏用户体验设计师的工作有了基本的认识，接下来就该聊聊从事这些工作所需的能力了。

2.4 游戏用户体验设计师的能力需求

前面已经探讨了游戏用户体验设计师的主要工作。从这些工作的内容来看，它们需要设计师具备游戏设计、交互设计、视觉设计、用户研究等横跨多个专业的能力，这就使得设计师在能力培养上面临着 2 个问题。

⊙ 如何快速地掌握这些能力？

⊙ 如何有效整合这些能力，使其在设计过程中能够相互协同发挥作用？

为了解决这两个问题，我们可以从用户体验设计师的主要工作内容出发，结合游戏体验传递原理，构建出一套能力框架，从而帮助设计师专注于核心能力的培养与综合应用，进而形成一套有效的工作方法。

从前面的章节中，我们已经知道游戏用户体验设计师的主要工作是原型设计和可用性测试。其中，原型设计是设计师在游戏开发过程中的主要工作内容，而可用性测试大多属于测试阶段的临时性工作。因此，我们可以将能力需求的重点放在原型设计的工作上。从表 2-1 中可以知道，在原型设计工作中，设计师需要与策划、美术甚至技术人员，共同讨论和优化游戏的体验、机制、视觉表现与实现效果，这是因为用户体验设计师的工作产出虽然是原型设计，但是在设计过程中，为了能够通过原型设计充分地减少游戏体验传递过程中的偏差，设计师需要在设计原型时充分地考量游戏所要表达的体验感受、机制的规则以及正确的表现方式。而这个过程也恰恰体现了游戏用户体验设计师基于体验传递原理所展现出的能力框架需求，如图 2-4 所示。

从图 2-4 中，我们可以看出用户体验设计师在体验层和机制层的能力主要体现为分析能力，这是因为游戏体验和机制设计大多是由游戏策划完成的。用户体验设计师在这两个层面上的能力需求主要是充分地理解对应的设计目标和设计原理，以此作为表现层的设计依据和指导目标。此外，在分析游戏体验和机制的过程中，用户体验设计师也可以基于交互逻辑、游戏经验和用户的体验需求，从不同的角度给出游戏体验和机制设计上的优化建议。在表现层上，设计师需要具

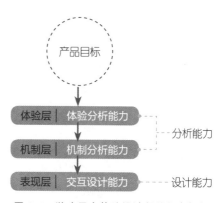

图 2-4 游戏用户体验设计师的能力框架

备较强的交互设计能力，其作用是能够把游戏的体验和机制设计准确有效地展现给玩家，从而帮助玩家正确地理解游戏的体验感受。下面就来详细地介绍一下这 3 种能力在游戏体验设计过程中的基本作用。

2.4.1　体验分析能力

体验分析能力能够让设计师更加清晰地理解不同游戏场景对玩家的心理影响，从而帮助设计师判断玩家行为是否符合产品目标需求。本书中，我们基于玩家在游戏中的选择行为，总结了一种选择模型分析法，用以帮助设计师分析不同游戏场景对玩家的心理影响和行为影响。为了便于设计师将这种方法更加广泛地应用在不同的场景中，我们根据游戏在体验设计上的复杂度，将选择模型分析法划分成了 3 种类型，分别是：单选模型分析法、双选模型分析法和博弈模型分析法。

1. 单选模型分析法

单选模型分析法主要用于分析选择结果只与玩家自身选择有关的游戏场景。这种分析法常见于游戏的剧情选择、操作选择等游戏场景。由于选择结果只与玩家自身选择有关，因此设计师可以通过分析玩家在这些选择场景中所掌握的信息，来判断玩家的心理感受和选择倾向性。

2. 双选模型分析法

双选模型分析法主要用于分析玩家选择结果受到异步因素干扰的游戏场景。在这种场景中，由于玩家在完全掌握选择信息的情况下也不能确定自身的选择结果，因此干扰因素对玩家的体验影响会更加突出。设计师可以通过分析异步因素对玩家选择结果的干扰程度来判断玩家的选择体验和行为倾向。

3. 博弈模型分析法

博弈模型分析法主要用于分析选择结果受到实时干扰的游戏场景。在这种场景中玩家的选择结果会随着周围影响因素的变化而实时改变，因此在分析这类场景时，设计师要重点关注实时干扰因素对玩家选择结果的影响，从而判断玩家的体验感受和选择倾向。

总之，选择模型分析法主要用于分析在不同游戏场景下的玩家体验感受和选择倾向性，并通过对这些内容的分析，来帮助设计师和开发团队判断游戏体验能否有效地实现产品目标。

2.4.2　机制分析能力

游戏用户体验设计师的机制分析能力主要包括两方面，分别是：对玩家需求循环分析的能力和游戏机制是否符合游戏体验目标的分析能力。这两项能力也是和游戏策划重合度很高的能力。在游戏开发时，这两种能力可以帮助设计师更加准确地理解游戏机制驱动玩家行为的方式，从而帮助设计师设计出对玩家驱动性更强的原型方案。此外，通过对玩家需求循环的分析，设计师还能从用户的角度出发，给予开发团队一定的优化建议。

1. 玩家需求循环分析

玩家需求循环类似于游戏设计中的经济循环，两者的区别是玩家需求循环的所有游戏功能都是按照从玩家需求建立到需求满足的顺序联系起来的。前面我们提到，游戏实现产品目标的过程是一个体验价值交换的过程。在这个过程中，玩家在游戏中会反复地产生某种体验需求并通过达成相应的条件来满足这些需求，从而产生一种从需求到行为的循环。我们将这个需求不断产生和满足的循环过程称为玩家需求循环。由于游戏实现产品目标的主要手段是通过设计某些需求满足条件来引导玩家的行为，因此这就使得需求循环过程中的玩家行为大多与游戏能否实现产品目标有着重要的关系，而玩家需求循环也就成为游戏实现产品目标的重要机制原理。

为了能够更加清楚地理解游戏各个机制对玩家行为的影响，游戏设计师需要将游戏中的主要机制或系统，按照玩家需求循环的关系重新排布，找出它们之间的关系并进行分析。通过这种分析方法，设计师可以更加直观地理解各个游戏功能对玩家需求的影响，从而准确地判断出游戏中存在的问题会对整个需求循环产生什么样的影响，对玩家行为产生哪些影响，对产品目标的实现效果又会产生哪些影响。

此外，在游戏测试时，设计师还能够帮助开发团队判断需求循环能否被玩家正确地认知。此时，设计师可以通过寻找特定用户进行游戏测试的方式，来协助开发团队发现需求循环上存在的认知偏差，从而给出优化建议提升需求循环的实现效率。

2. 分析机制是否符合体验目标

很多游戏在体验上的独特性是由游戏机制上的差异决定的，因此设计师只有充分理解这些差异所创造的体验的独特性，才能知道如何将游戏体验有效地表达出来。在这个过程中，设计师也需要具备一定的判断力，从玩家的角度分析游戏机制是否能够有效地表达体验目标，从而帮助开发团队完善机制的设计。

2.4.3　交互设计能力

除了以上这些分析游戏体验的能力外，设计师还需要结合之前的能力，通过交互原型的方式给出设计方案，以此作为游戏表现层的开发依据。在交互设计能力上，设计师需要在 3 个方面发挥作用：易用性、易学性、情感化设计。

1. 易用性

易用性是指提升游戏使用过程中的体验效率。由于游戏实现产品目标的过程是一个体验传递的过程，因此如果能够提升玩家获得游戏体验的效率，就可以提升产品目标的实现效果。在实际工作中，游戏用户体验设计师可以从玩家的需求出发，通过优化游戏的机制和界面的表现效果，提升玩家在不同游戏场景下的体验效率和需求满足速度。例如，在动作游戏中，当玩家血量不足时，增加快捷使用药品的功能可以减少使用药品的操作步骤，提升战斗体验的顺畅感。再如，在礼物邮件过多时，增加一键领取邮件的设计，帮助玩家快速略过不重要的邮件内容，使其专注在核心体验上。

2. 易学性

易学性是交互设计中的另一种主要设计思维，其核心思想是通过降低产品的学习难度，提升产品的用户规模和留存效果。在实际工作中，用户体验设计师主要通过规划游戏界面的信息架构来提升游戏的易学性。规划界面信息架构的过程是一个对不同功能和信息进行归类、分层、分区、删减等操作，使其更符合阅读者思维习惯的设计过程。在规划信息架构的过程中，提升游戏易学性的最佳手段分别是：删掉多余信息、信息的分步骤显示和基于用户思维的信息表达方式。其中删掉多余信息是指基于游戏界面的核心功能去掉非必要的信息，从而减少玩家的信息阅读量，使其聚焦于关键内容。例如，在游戏中的制造界面上只显示制造品、材料和操作按钮，而不会显示具体的制造规则。这样可以让玩家聚焦在实际的制造过程上并清晰地理解制造规则，而不会被大量的规则文字分散注意力。此外，分步骤显示信息是指根据玩家当前所处的游戏场景，选择性地给予必要的信息提示，从而帮助玩家更加直观地理解游戏内容。例如，当玩家进入战斗后显示生命值，可使其更加直观地理解生命值所代表的意思。最后，基于用户思维的信息表达方式是指：让信息的展示方式更符合用户的思维习惯，从而降低信息的理解难度。

3. 情感化设计

情感化设计是指设计师基于游戏的体验效果，设计出能够唤起玩家情感体验的内容。情感化设计可以通过视觉表现、操作反馈、文字描述等各种不同的方式完成，但是影响其设计效果的关键因素不是这些设计手段应用的丰富性和精致程度，而是情感化设计的方式能否将游戏的核心体验有效地传递到玩家的情感体验层面。例如，基于西部牛仔决斗题材的手机游戏 *High Noon* 通过一套完全模拟牛仔拔枪决斗的操作方式，获得了良好的情感化体验，如图 2-5 所示。该游戏在画面表现和视觉反馈等方面并没有太多出众的地方，但是该游戏通过操作方式的设计抓住了牛仔决斗过程中的情感化体验的核心——操作过程中的仪式感，从而获得了成功。因此，游戏体验设计的关键是通过适合的体验表现手段，让玩家充分获得情感上的体验。

图 2-5　*High Noon* 的新手引导（Happylatte 公司作品）
High Noon artwork courtesy of Happylatte

现在，我们基于体验传递层原理确定了游戏用户体验设计师所需的核心能力。但是这些能力还只是针对各个界面层级所需能力的一种简单描述，并不能形成通用的方法论，因此需要将它们归纳成一套更具泛用性的设计方法，而这就是第二部分将介绍的内容——**游戏用户体验的分析方法**。

| **思考与实践** |

1. 基于游戏用户体验的价值，举例说明某个游戏的交互设计如何基于平台特点或机制创新使得游戏体验获得了提升。
2. 举例说明某款游戏在机制上的独特性是如何创造体验差异的。

2.5 本章小结

本章讨论了用户体验设计的定义和目的。基于这些讨论，结合游戏体验传递原理，我们认为游戏用户体验设计师的作用是减少游戏的体验传递偏差，提升游戏实现产品目标的能力。

随后，为了能够让读者了解用户体验设计师如何在游戏开发中发挥作用，我们又介绍了用户体验设计师的工作内容及主要产出。在这个过程中，我们发现设计师需要具备游戏设计、视觉设计、用户研究等大量的专业能力。这就使得设计师很难快速掌握所有能力并发挥作用。

为了解决这个问题，我们通过确定设计师的核心工作，筛选出了设计师需要掌握的核心能力，并将这些能力对应到游戏体验传递原理的各个设计层级上，从而使得它们可以在一个有序的能力框架下发挥作用。在这个过程中，我们基于游戏公司的特点，将原型设计作为游戏用户体验设计师的核心工作，并且将体验分析能力、机制分析能力和交互设计能力作为核心能力。这些能力分别对应了游戏体验传递过程中的体验层、机制层和表现层。其中，体验分析主要有 3 种选择模型分析法；机制分析主要包含了玩家需求循环分析和机制能否实现体验目标的分析；交互设计则主要包含了游戏表现层的易用、易学和情感化设计。

下面将在第二部分详细地介绍这些分析方法和设计能力。

游戏用户体验设计师的分析与设计方法

本书第二部分将详细介绍这些不同传递层级上的分析方法或设计方法，从而帮助读者形成一套通用的游戏用户体验分析与设计方法。具体书写逻辑如下图所示。

第二部分内容思维导图

上图展示了第二部的写作思路，各个章节按照从体验层到表现层的划分方式，介绍了对应设计层级上的能力需求。其中，体验层和机制层的能力大多用于为设计师提供设计依据，使得设计不仅能够在表现层的原型设计中有效地将游戏体验展示给玩家，还能提高设计师与开发团队的沟通效率，从而更好地帮助开发团队优化游戏相关设计。表现层的能力则能够帮助用户体验设计师有效地将体验层和机制层的设计以原型的方式展现给开发团队，最终帮助开发团队提升游戏在表现设计上的体验传递效果。接下来，我们将分别介绍这些从体验层到表现层的分析方法和设计方法。

第 3 章 | 利用选择模型分析游戏核心体验

游戏体验层分析关注的是游戏体验能否有效构建满足产品目标需求的玩家体验。由于玩家在游戏中会感受到大量的体验内容，全部进行分析的成本会非常高，因此在一般分析游戏的体验层设计时，我们只对核心体验进行分析。在分析的过程中，我们主要使用选择模型分析法。这种方法可以很好地将不同类型的游戏体验整合在一个通用的思考框架下，从而帮助设计师有效地对不同类型的游戏体验进行思考分析。下面我们将从游戏的核心体验讲起，介绍选择模型分析法的由来。

在游戏设计中，核心体验是指实现游戏产品目标的关键内容体验，它也在很大程度上决定了游戏体验的品质。例如，赛车游戏中的驾驶体验决定了游戏的整体体验水平，而改装汽车、购买汽车的设计只是核心体验的延展，它们无法独立满足用户体验需求，只能起到锦上添花的作用。因此核心体验的效果是保障游戏体验品质的重要基础。

值得注意的是，**不同游戏的核心体验不但不同，它们的构建方式也存在着巨大差异**，为了能够分析不同游戏的核心体验，设计师需要找到一套通用的体验分析方法。为此，我们不妨先了解一下玩家在游戏中获得游戏体验的主要方式。我认为，如果能够分析该方式对玩家体验的影响，就能有效地分析游戏中的玩家体验。在这里，著名的游戏设计师席德·梅尔给出了一个很好的答案：

"玩家在享受游戏的时候会面临许多选择，从而反复做选择，而好游戏就是要能够让玩家一直做出有趣的决定。"——席德·梅尔如果我们仔细回顾曾经玩过的游戏，不难发现，**获得游戏体验的过程几乎就是选择的过程**。例如，在动作游戏中选择用什么样的招式去应对攻击，在 RPG 游戏中选择如何回答 NPC 的问题去影响游戏进程，在赛车游戏中选择何时踩下油门才能在弯道超越对手，在网络游戏中选择适合的队友才能击败 BOSS。所以，如果获得游戏体验的过程就是不断选择的过程，那么进行选择就是玩家感受游戏体验的主要方式。

综上所述，如果我们能够分析游戏选择对玩家的影响方式，就能分析游戏中的玩家体验效果。不仅如此，我们还可以将不同类型的游戏或不同游戏中的关键游戏场景简化成几种通用的选择模型，并通过对这些模型的进一步挖掘，形成一套通用的游戏体验分析方法。

通过对大量游戏的思考，我们发现，在实际游戏过程中玩家在不同时刻、不同条件下会面临多种多样的选择。但是这些选择可以简化成 3 种通用的选择模型：单选模型、双选模型、博弈模型。

这 3 种模型可以模拟大部分游戏场景中的玩家选择情况，并且设计师还可以根据游戏为玩家提供的选择条件、选择信息等影响玩家选择的因素，更合理地分析玩家在这些场景中的心理体验和行为倾向。

| **关键点提示：**玩家通过单选模型、双选模型和博弈模型分析游戏场景对玩家的心理影响。

下面将逐一介绍这些模型的应用场景和分析方法。

3.1　利用单选模型分析只与自身选择有关的游戏体验

在所有的选择模型中，单选模型是最简单的，描述的情况是玩家有 2 个或 2 个以上的选项，选择的收益结果只与玩家自己的选择有关，不会受到任何其他因素的影响。因此这种模型主要用于分析不受外界因素干扰的选择场景。图 3-1 列出了单选模型的基本表达方式。

图 3-1 中，A 和 B 代表玩家的选项名称，1 和 0 表示对应选项的收益内容。例如在分析游戏的剧情选择体验时，选项 A 和 B 代表不同的剧情选项，1 和 0 代表不同结局的收益。在横板过关游戏

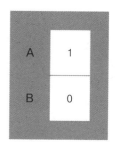

图 3-1　单选模型

中，选项 A 和 B 可以是玩家起跳时与某个障碍的距离，而 1 和 0 可以是玩家能否越过障碍的结果。在种植类游戏中，A 和 B 可以代表两种不同的作物，而 1 和 0 则分别代表玩家的收成。

| **关键点提示：** 单选模型用于分析玩家选择收益只受自身选择影响的体验情况。

下面将通过介绍单选模型分析法的分析思路和精简后的应用方法，来帮助读者掌握单选模型分析法。

1. 单选模型分析思路

在实际应用单选模型进行体验层的内容分析时，我们可以发现玩家的心理变化受到了哪些游戏设计的影响，并且可以找出影响玩家对应心理变化的因素，从而通过调整这些因素的设计，优化我们的游戏体验。下面以一个游戏的剧情任务为例，详细说明单选模型的分析方法。

假设你在一个游戏世界中受雇于一名男爵，帮助其完成不同的任务。在这个过程中你发现男爵有着非常坎坷的过去，且他的妻子对他一直不离不弃，因此他非常爱他的妻子。此时，男爵派给你一个重要的任务：救回被人贩绑走的妻子。你在一个小山村里找到了这些人贩，你发现人贩不仅绑架了男爵夫人，还绑架了很多儿童。当你要跟人贩战斗时，人贩对你说，他们其实是被胁迫干此事的，因为当地的土匪要求他们上缴高额的保护费，否则就会要了他们全村人的性命。因此他们跟你提出了条件：帮助他们杀掉土匪，这样就能让所有人回家。于是，你为了彻底解决这个问题，决定去寻找土匪的老巢。当你见到土匪时，匪首却告诉你，这些人贩子是非常邪恶的，他们根本就不是为了凑齐保护费才去犯罪，他们已经赚了很多黑心钱，而且这些人贩不仅贩卖人口，还贩卖人体器官。在与土匪的交谈中，你发现这些土匪都很讲义气，他们不仅不会坑害朋友，还会帮助那些帮助过他们的人。此时，土匪会询问你是否愿意与其结盟消灭人贩。这时候你就遇到了一个单选模型，其选项分别是"帮助人贩"还是"帮助土匪"（单选模型中的选项 A 和 B）。

为了更好地做出决定，你需要分别估算这两个选项的收益（收益 = 收获 − 损失）：如果选择"帮助人贩"，初步可以估算男爵夫人不会死，但是人贩会做出贩卖器官这种比土匪抢劫更恶劣的事情，这与你的"正义的价值观"存在很大冲突。如果选择"帮助土匪"，可以阻止贩卖器官和人口的事情再次发生，但是男爵的妻子可能会性命不保，这违背了你的任务初衷。初步看来这两个选项收益会让玩家难以取舍，因此你需要通过进一步分析找出更充分的理由再做选择，但是当我们对人贩和土匪的话进一步分析后不难发现，这两个选项产生的影响远不只表面上看到的那样，选择的结果还会关系到是牺牲一群无辜儿童还是全村村民的性命。因为如果帮助了人贩，儿童很可能会被贩卖，如果帮助了山贼全村人性命不保。此外，由于男爵深爱妻子，如果男爵夫人不幸殒命，恐怕男爵也会自杀。而从前面的选择设定不难发现，这些信息的挖掘过程不仅使玩家投入了更多的精力，并且极大地提升了你在情感上的纠结程度。

为了能够更加清晰地了解这种选择纠结的程度是如何建立起来的，我们将利用单选模型来分析该任务是如何创造这种情感纠结体验的。为此，我们将影响选择结果的因素分成了 4 类：① 选项及收益；② 选项难度；③ 收益认知难度；④ 量化收益，如表 3-1 所示。

表 3-1 任务收益分析表

序号	分析点	内容
1	选项及收益	A：帮助人贩，男爵夫人、男爵、村民 B：帮助土匪，价值观、孤儿、土匪的协助
2	选项难度（S_i） （同类型游戏时长）	S_a：20 S_b：20
3	收益认知难度（R_i） （同类型游戏时长）	$R_{男爵夫人}$：300 $R_{价值观}$：300 $R_{男爵}$：1000 $R_{儿童}$：600 $R_{村民}$：600 $R_{土匪的协助}$：1000
4	量化收益（B_i） （心理影响程度）	$B_{男爵夫人}$：2 $B_{价值观}$：1.5 $B_{男爵}$：1 $B_{儿童}$：2 $B_{村民}$：1.5 $B_{土匪的协助}$：1

选项及收益记录了玩家的选项数量以及各选项中的收益组成，为之后计算各个选项的收益提供计算依据。

选项难度（S_i）是指玩家发现并可以选择此选项的难度，表示为同类型游戏累计体验时长，这个时长可能是个均值也可能是个众数，通过对多名玩家进行测试得来。

收益认知难度（R_i）很多情况下玩家能够发现游戏中的选项，但是不一定能够完全理解这些选择背后的收益效果，因此收益本身也存在着认知难度。收益认知难度是指玩家发现并充分了解收益价值的难度，具体体现为玩家在同类型游戏中的累计时长要求。可以通过对多名玩家进行测试而得到，也可以根据经验判断。

量化收益（B_i）是指选项中的各个收益因素的价值或者对玩家的心理影响力，可通过分析游戏设计计算出来（例如在某些卡牌游戏中单卡的价值是恒定的），或者通过对多名玩家进行测试而得来。

我们可以通过动态收益公式表示不同游戏时长（t）的玩家受到的心理影响变化：
$Q_i = \min(t/S_i, 1)(\sum \min(B_i \times t/R_i, B_i))$。

其中：

⊙ Q 是选项收益随玩家类型所变化的值；

⊙ $\min(a, b)$ 表示在变量 a 和 b 之间取较小的值；

⊙ Q_i、S_i 等变量中的 i 表示相应的变量代号。

例如，玩家游戏时长达到 t=300 小时，计算 A 选项对玩家的心理影响 Q_A：

⊙ $Q_A = \min(t/S_a, 1)(\min(B_{男爵夫人} * t/R_{男爵夫人}, B_{男爵夫人}) + \min(B_{男爵} * t/R_{男爵}, B_{男爵}) + \min(B_{村民} * t/R_{村民}, B_{村民}))$；

⊙ $Q_A = \min(300/20, 1)(\min(2 \times 300/300, 2) + \min(1 \times 300/1000, 1) + \min(1.5 \times 300/600, 1.5))$，得出 $Q_A = 3.05$。

由于各个选项对玩家心理影响都是随着玩家的游戏时长动态变化的，因此基于公式计算，我们可以绘制出不同选项的受益随玩家游戏时长的变化关系，如图 3-2 所示。

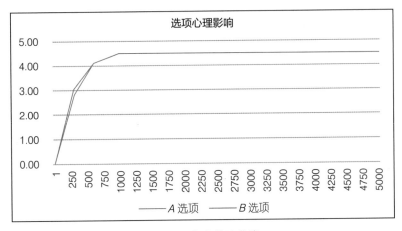

图 3-2 任务体验曲线

　　图 3-2 展示了选项对玩家的心理影响程度随玩家游戏时长的变化。从图中不难发现，两个选项的影响力始终处于相当接近的水平，这使得任何游戏水平（时长）的玩家都难以在选项间进行取舍，因此玩家做选择时就会产生纠结与迷茫的情感体验。此外，我们不难发现本案例中的选项收益并没有增加玩家实力的奖励，因此在选择过程中玩家与剧情的情感关联程度更高，这使得玩家需要不断深入地了解游戏相关剧情，才能更好地判断收益价值。对于期望增加剧情表现力的游戏来说，使用这种设计不但使玩家主动增强了游戏沉浸感，而且还能够通过发现认知难度更高的收益形成更强的心理刺激。

注意： 如果是设计电子游戏，当玩家回档重新完成此任务时，他的"累计时长"值将会大幅提升，重新进行选择时可能会相当慎重。这里不再做进一步分析，只要知道本例中的任务体验曲线表示的是玩家单次选择的体验效果即可。

　　任务体验曲线不仅可以让我们更直观地了解不同玩家的心理体验，还能够作为调整玩家体验的参考依据。例如，如果想让新手玩家获得更多的心理刺激，就可以将难以发现的选项收益做得更易被发觉。在本案例中明确告知玩家，土匪的协助和男爵的生命也是选择的参考收益（这两个选项的心理影响力相当）。

　　此外，有些游戏为了引导玩家选择特定的选项，还刻意将不同选项的收益差距做大，甚至达到了有收益和无收益的程度，例如新手引导中询问玩家是否免费消除在建建筑的建造时间。在这种选择过程中，玩家并不需要被强制引导就会选择消除建造时间，这种设计不仅避免了玩家盲目点击引导提示的情况，同时突出了相应功能的价值。还有一些游戏为了鼓励玩家进行探索而设立了隐藏内容，这种情况类似于增加选项 A 和 B 的起始点间距，让新手玩家无法快速找到全部选项，而需要慢慢地探索，在找到那些隐藏的线索后，才能发现更多的选项。

| 关键点提示： 通过观察游戏对应场景的选项收益、选择难度、收益认知难度和收益量之间的关系，设计师能够发现影响玩家体验变化的设计因素，并通过调整这些因素对游戏体验进行优化。

　　通过上面的案例我们不难发现，利用单选模型分析法不仅可以有效地发现影响玩家游戏体验的设计因素，还能通过调整相应的设计因素，有针对性地改变玩家的体验效果。但是这种分析方法同样也存在着一个问题，就是分析过程过于烦琐，很难大范围应用。

所以接下来，我们需要介绍这种体验分析方法的精简应用方式，从而提高设计师分析游戏体验的效率。

2.单选模型的精简化应用

在大部分情况下，当设计师应用单选模型分析法时，并不需要像前面的案例那样，将游戏中出现的单选模型以表格的形式记录下来并进行复杂的计算，而只需要基于单选模型的收益变化曲线和收益之间的关系去发现有待优化的体验点即可。这是因为选择收益的影响效果通常对玩家体验的影响会更大。下面以 QTE 的体验优化为例介绍具体的优化方法。

QTE 是 Quick Time Event（快速反应事件）的缩写。在 QTE 设计中，玩家需要在限定时间内按下特定的按键获得收益。QTE 的体验收益只与玩家的操作选择有关，因此 QTE 操作可以套用单选模型的分析方法，其体验曲线可表示为图 3-3 中的样子。

在这个单选模型中，"不进行 QTE 操作"的选择收益永远小于或等于"进行 QTE 操作"的选择，因此可以认为玩家都会选择"进行 QTE 操作"，所以我们将分析的重点放在"进行 QTE 操作"的体验上。从图 3-3 中可以发现，当玩家的累计游戏时长达到能够成功完成 QTE 操作的水平后，收益将提升到一个固定的水平并且不再增加。从玩家的体验感受上来看，由于选择收益的价值始终维持不变，因此当玩家反复进行 QTE 操作时，操作过程中的成长感和乐趣都会降低，从而感到游戏缺乏深度。

为了缓解这种问题，设计师可以考虑将收益增长曲线的变化设计得更加平缓，使得收益随游戏时长的变化区间更大，从而让玩家在很长的一段时间内都能获得收益增长，增加玩家反复体验游戏的动力，如图 3-4 所示。

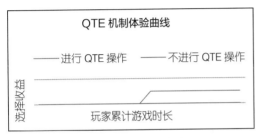

图 3-3　QTE 体验曲线

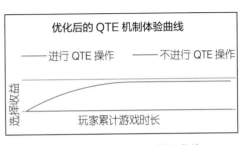

图 3-4　优化后的 QTE 体验曲线

在实际设计中，设计师可以将 QTE 操作的达成标准改成阶梯式评价标准，并根据评价档次给予不同的收益。因此玩家为了得到更多的收益就需要达成难度更高的 QTE 操作条件，从而提升了玩家反复体验游戏的动力和乐趣，增加了游戏深度。需要注意的是，本案例中的 QTE 优化方案建立在玩家需要反复体验该内容的假设基础上，对于不需要反复体验的 QTE 游戏设计，可能并不需要进行类似的体验优化，因此设计师在分析游戏体验时，一定要清楚游戏体验目标，基于游戏体验目标确定体验优化方向。

| 关键点提示： 在通常情况下，我们可以通过观察选择收益曲线的变化关系快速地分析出选择收益对玩家体验的影响效果。

此外，在单选模型中除了关注选项与收益的相关设定外，我们还需要关注单选模型的呈现方式（如视觉包装）、选择方式（如操作方法）以及反馈方式（如特效反馈）等与游戏表现层存在密切关系的因素，我们将会在表现层部分对这些内容做进一步介绍。

虽然单选模型可以表达很多游戏中的选择场景，但是玩家在游戏中的收益，很多情况下不仅取决于自己的选择，还会受到某些未知因素的影响。为了便于分析玩家的选择结果受外部因素影响时的体验效果，我们将在 3.2 节介绍一种新的选择模型：**双选模型**。

| 思考与实践 |

1. 单选模型的适用场景是什么？
2. 国际象棋的每次选择是否属于单选模型？
3. 在跑酷游戏中，玩家需要以固定速度和跳跃距离跨过障碍物的设计是否属于单选模型？
4. 在上题的设计中，如果玩家跨过障碍可以挑战后续关卡，但未跨过障碍游戏将会中止，请基于单选模型分析法列出影响选择的因素，并简要介绍调整哪些因素可以影响玩家的体验效果，在游戏设计中如何实现。

3.2　利用双选模型分析受到异步干扰因素影响的体验

前面我们介绍了单选模型的分析方法，这种方法可以用于分析玩家收益只受自身选择影响的游戏体验。但是在很多选择场景下，玩家的选择收益会受到外部因素干扰。例如，在偷菜类游戏中，玩家收获的菜量不仅取决于他的种菜量，还取决于他离线时被偷的菜量。因此为了分析这种受到异步因素干扰的选择体验，我们就需要引入双选模型的分析方法。图 3-5 展示了一个基本的双选模型表达方式。

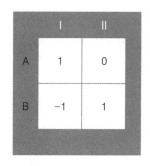

图 3-5　双选模型

在图 3-5 中，A 和 B 表示玩家的选项，Ⅰ 和 Ⅱ 表示对应选项收益的上下限。由于选项收益不固定，因此玩家在判断双选模型的选项收益时会关注各个选项的收益区间，但是因为在很多情况下玩家无法知道各个收益区间的概率分布情况，所以玩家对收益区间的极值会更敏感。

| 关键点提示：双选模型用于分析玩家收益会受到某些异步因素影响的体验情况。

在实际应用中，双选模型适用于分析异步互动体验，即玩家或人机之间只能轮流选择互动策略的情况。例如，在偷菜类游戏中在线玩家之间不能互相偷取蔬菜，但是在线玩家可以偷取离线玩家的蔬菜，这就形成了一种轮流选择互动策略的游戏场景。下面以偷菜游戏为例介绍如何利用双选模型进行异步互动的体验分析。

假设玩家每天自己种植的蔬菜产量是 10，其中可被偷的最大菜量为 3，可偷取别人的最大菜量也是 3，单次偷取的菜量范围为（0，3- 已偷菜量）。玩家首次决定是否偷菜的双选模型如图 3-6 所示。

由于两个选项的收益下限相同而偷菜的收益上限略高，因此偷菜行为对玩家的吸引力更大。但是对于比较保守的玩家而言，保持道德上的高标准远比偷菜带来的额外收益重要得多，因此设计师还需要考虑如何进一步强化偷菜选项在这些玩家心中的价值。前面提到，玩家对收益区间极值最为敏感，所以可以通过调整偷菜收益区间的上下限来影响玩家的行为。

	收益下限	收益上限
偷菜	7	13
不偷	7	10

图 3-6　偷菜双选模型

| 关键点提示：在概率分布相同的情况下，如果选项 A 的收益极值同时存在大于和等于选项 B 收益极值的情况，那么选项 A 是选项 B 的弱优势选项。

　　注意，在调整偷菜收益时，不管设计师如何提升收益上限，玩家都会认为偷菜的高收益只是一种潜在的可能性，因此提升偷菜收益的上限并不能高效地提升玩家偷菜的意愿。但是如果增加收益区间的下限，使得偷菜收益的下限高于不偷菜的下限，那么偷菜选项将让玩家产生"偷菜绝对比不偷收益高"的印象，从而使偷菜选项变成了绝对优势选项。

| **关键点提示：** 在概率分布相同的情况下，如果选项 A 的收益极值全部大于选项 B 的收益极值，那么选项 A 是选项 B 的绝对优势选项。

　　综上所述，当设计师需要提升玩家选择某个选项的动力时，应该优先考虑调整选项间的绝对优势关系，而不只是单纯提升收益区间的极值。

　　除了分析单次选项对玩家行为影响外，设计师还可以通过观察选项收益随游戏进程变化的曲线，分析选择模型在不同阶段对玩家的体验影响。下面我们用最大可流通菜量与种菜收益的比值随游戏时间变化的曲线介绍选择收益变化如何影响玩家体验。其中最大可流通菜量是指可偷取或被偷的最大蔬菜量，如图 3-7 所示。

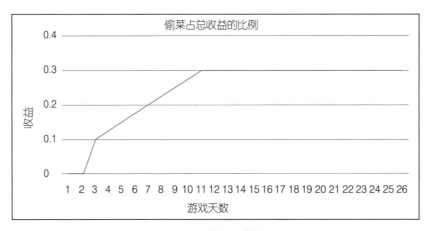

图 3-7　可流通蔬菜与种菜收益的比值

　　从图 3-7 中可以看到，玩家在前 2 天的游戏时间内没有可流通菜量，因此在这个过程中玩家之间不会形成偷菜的交互，从而保障了玩家进入游戏时的最基本需求——安全感。（多人在线的 SLG 游戏经常用到这种规则，它被称为"新手保护期"。）在 2 ～ 11 天的过程中可流通菜量逐渐增加，我们可以理解为偷菜适应期，其作用是转变玩家的价值观，让玩家逐渐认识到偷菜的价值并且避免玩家因损失突然增加而导致流失。当偷菜功能开启后，被偷菜的玩家会出现沮丧、愤怒等情感体验，为了弥补这种感受，玩家会自发地去偷其他玩家的菜，从而达到了通过体验影响玩家行为的效果。此外，有些游戏还利用玩家的复仇心理，提醒玩家去偷那些之前偷过自己菜的人来提升玩家的偷菜动力，在多人 SLG 游戏中甚至会利用这种具有复仇心理的游戏场景创造付费机会。前面介绍了可流通菜量的变化曲线对玩家行为的影响，而该曲线的本质是双向选择模型的选项收益区间随游戏时长的变化情况，所以在分析游戏体验时，双选模型的收益区间随游戏时间变化的情况也是设计师需要关注的内容。

| **关键点提示：** 在实际分析时，设计师不仅要关注收益区间的变化量，更应该关注选项之间的优势关系与设计师期望的玩家行为是合匹配。

双选模型分析法还可以用于分析回合制游戏。 例如在很多集换式卡牌的对战游戏中，对战双方的策略收益受到诸多不可控的因素影响，且选择策略的方式是通过回合制的异步互动形式完成的，因此我们可以认为这类游戏的对战体验也可以用双选模型进行分析。

然而，由于这类游戏中存在大量的双选模型以及收益的不确定性，导致设计师很难通过分析每一个牌局的选择模型来判断游戏体验。庆幸的是，虽然在游戏中存在着众多套牌，但其中只有很少量的套牌会被玩家经常使用，因此**设计师可以基于这些套牌的主要选择场景和极端选择场景进行分析，从而把握住游戏的主要体验和边际体验**。在实际操作时，设计师可以基于主流牌组中的核心卡牌功能，分析牌组的策略选项数量、它们的收益机制和发现难度，从而判断牌组的体验效果。具体的分析方法与单选模型中的剧情选择案例类似，即设计师基于不同玩家的特点构建动态的收益公式，以反映不同玩家的选择体验。

除了对牌组进行分析外，**设计师还需要考虑各个回合的策略选择难度带来的对战节奏体验**，一般可以根据玩家各个回合做出选择所消耗的时长来分析游戏的对战乐趣。图 3-8 表示了玩家在各回合所消耗的思考时间分布。

由于这类卡牌对战游戏的乐趣体验主要体现在策略选择的过程中，因此策略选择的复杂性与游戏乐趣拥有很高的相关性。不仅如此，策略选择的复杂性还与玩家每个回合消耗的时间有很高的关联度，即策略选择复杂性越高，玩家消耗的选择时间就越长。如果把策略选择复杂性作为联系游戏乐趣和玩家游戏时间的桥梁，我们可以认为玩家的时间消耗曲线可以被近似地看作对战乐趣曲线，玩家每个回合的时间消耗在很大程度上体现了玩家在该回合的游戏乐趣。从前面的案例分析可知，影响玩家选择时间的因素主要包括选项发现难度和收益认知难度，而这条曲线反映了这二者综合作用的结果。随着玩家对游戏策略掌握程度越来越高，每个回合消耗的时间开始逐渐下降，玩家在对战中的游戏乐趣也随之下降。为了保持游戏乐趣，很多卡牌对战游戏会定期调整某些核心卡牌的功能或推出带有新功能的卡牌，从而保持选择策略的复杂性。这种调整反映到玩家的回合时间上，就是各回合时间的增加。

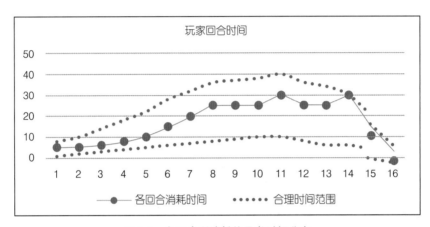

图 3-8　各回合所消耗的思考时间分布

虽然玩家回合时间在很大程度上与游戏乐趣呈现正相关的关系，但是在某些特殊情况下，玩家回合时间是无法反映出游戏乐趣的，例如新手玩家由于不理解游戏规则，导致长时间无法发现任何可选策略，使得游戏乐趣下降。此时设计师可以通过建立自学机制降低玩家的学习成本，例如在游戏中增加精彩对战展示功能，允许玩家从录像中学习高手的游戏策略。

综上所述，在分析玩家各回合的时间消耗时，需要注意消耗量是否处于合理的范围，如果超出这个范围可能就无法反映出玩家的乐趣体验。在实际分析时，设计师可以根据中端玩家的游戏时间分布进行分析，因为这些玩家的时间消耗大多落在合理的区间范围内，因此能够更准确地反映出游戏当前的乐趣水平。

最后，**设计师还应该关注游戏策略复杂度随游戏进程的变化情况**。例如，在某些卡牌游戏的测试版中，出现过策略复杂度"高开低走"的情况，这就导致玩家在游戏过程中的乐趣体验呈现出逐渐下降的趋势，如图 3-9 所示。这种策略复杂度的变化趋势不仅增加了新手玩家的上手难度（开局时策略过多），而且导致玩家的游戏乐趣随着游戏进程逐渐下降。在实际优化时，设计师通过调整卡牌功能，增加了未使用卡牌与已使用卡牌的策略数量，从而提升了游戏中后期的策略复杂度，提升了游戏乐趣。

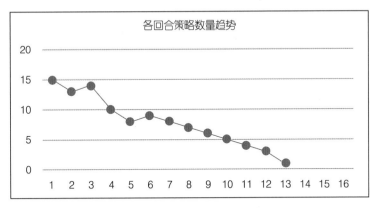

图 3-9　策略数量趋势（非真实数字）

与卡牌对战游戏不同的是，很多 ARPG 游戏为了保证快节奏的游戏体验，让玩家可以通过使用特定技能组合应对 80% 以上的情况，导致战斗过程中的策略复杂性大幅降低，因此玩家在战斗中很容易感到枯燥。为了解决这种问题，游戏会设计一些策略性更强的辅助系统来提升非战斗时的策略复杂性，例如某些游戏通过给技能增加符石机制，允许玩家在战斗前改变固有技能的功能，从而形成更为丰富的策略组合，以适应不同的关卡设计。玩家通过这种战前策略设计，既能体验到策略的新鲜感，又能获得快节奏的战斗体验。

双选模型的分析思路除了用于分析游戏核心体验外，也可用于辅助功能的体验分析，例如抽奖时购买额外抽奖次数的选择。如果不购买抽奖次数，则玩家的收益处于 0 至 X（不买任何物品的收益和在其他功能中购买物品的价值区间）。图 3-10 展示了一个购买随机抽奖次数的双选模型案例。

从图 3-10 中可知，如果玩家选择购买抽奖次数，那么他的收益将会处于最差和最好奖品的价值区间：3 ～ 5，因此玩家会关注这个收益范围并将其与选择不购买的收益范围进行比对。由于玩家不知道收益的概率分布，因此收益范围的极限值（奖池中已知的最好和最坏的奖励）是决定玩家如何选择

图 3-10　购买额外抽奖次数的双选模型

的关键条件，也是影响玩家体验的主要因素。因此，为了有效地引导玩家购买抽奖次数，设计师就需要将不购买抽奖次数的收益上限设置为低于购买抽奖次数的下限。本案例中，我们将不购买抽奖次数的收益设置为 2。这使得玩家更愿意选择购买抽奖次数，即在实际游戏体验上玩家会感受到购买抽奖次数是最划算的选择。

注意，很多游戏在询问玩家是否购买额外抽奖次数时并没有明确告知玩家奖品的价值范围，这导致玩家在选择时并不确定购买额外抽奖次数的收益，从而使其更倾向于选择保守的选项：不购买抽奖次数。除此之外，为了鼓励玩家购买额外抽奖次数，不仅要加大该选择的收益价值，更需要使收益的上下限都高于不购买抽奖次数，从而使其成为绝对优势选项，并且让玩家能够直观地知道。

总之，双选模型描绘出了玩家选择收益不固定时的状态，并且可以用于分析玩家之间异步交互的体验感受。但是并不是每款游戏中的对手都会等待玩家行动完成后才会行动，在很多 RTS 和 FPS（第一人称射击游戏）中对战双方会同时选择自己的游戏策略，并且玩家收益会受到参与各方的策略选择影响，因此我们就需要一种新的选择模型进行体验分析，这种选择模型就是博弈模型。

| 思考与实践 |

1. 双选模型的适用游戏场景是什么？
2. 在一款策略类游戏中，玩家在战斗前可以支援盟友粮草并在胜利后获得相应的奖励分成，请问该情境是否属于双选模型？
3. 请基于选择模型分析方法列出上题中的模型选项及影响因素，说出调整哪些内容可以增加玩家的支援行为。

3.3 利用博弈模型分析受到同步干扰因素影响的游戏体验

前面我们介绍了双选模型分析法很难分析 RTS、FPS 等选择收益受到实时因素干扰的体验情况。为此，我们需要引入博弈模型分析法来解决这个问题。

博弈模型是基于博弈论原理所诞生的一种体验分析模型，由于博弈论研究的情况包含游戏参与各方实时策略选择的相互影响情况，因此博弈模型可用于分析玩家选择收益会实时受到其他干扰因素影响的体验情况。图 3-11 展示了博弈模型的基本表达方式。其中，灰黑色文字表示了玩家 1 的选项和收益，红色部分为玩家 2 的选项和收益。例如，当玩家 1 选择 A 且玩家 2 选择 II 时，玩家 1 的收益是 −1，玩家 2 的收益是 −3。从博弈模型的策略 / 收益关系上不难发现，**策略之间互相影响的方式以及玩家预测其他参与者策略的方式和难度也是构成玩家选择体验的重要影响因素。**

在实际应用时，博弈模型主要用于分析即时互动的游戏设计，例如第一人称射击游戏中，玩家需要时刻关注敌人和队友的策略选择并采取适当的策略从而获胜。此外在即时战略游戏、MOBA 类游戏等基于实时互动的游戏中都会出现大量的博弈模型场景。但这些博弈场景中的分析对象不仅限于玩家，有时还包括了玩家与 AI 以及 AI 与 AI 之间的互动场景，因此判断选择场景的体验是否应该用博弈模型进行分析的关键是：**参与各方的策略选择是同时进行且相互影响的。**

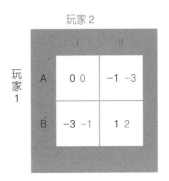

图 3-11　博弈模型

由于博弈模型关注的是参与各方的策略影响，因此基于该模型的选择体验主要体现在玩家对博弈策略的熟悉过程和猜测对手选择心理的过程。由于这两种体验过程主要受到不同选项中的收益组合影响，因此在基于博弈模型分析游戏体验时，应该重点关注不同策略收益设计对玩家的影响。这里我们将重点介绍 3 种常见的策略收益设计对游戏体验的影响。

1）优势策略：通过优势策略影响玩家的策略倾向性，从而引导玩家行为。

2）纳什均衡：让玩家在追求策略平衡的过程中感受游戏节奏，影响玩家行为。

3）纯随机模型：结果具有随机性，增加游戏的不确定性。

3.3.1　具有优势策略的博弈模型分析

具有优势策略的博弈模型是指在基于博弈模型分析的选择场景中，有一个收益永远优于其他策略的选择。其中，优势策略分为绝对优势策略和弱优势策略，绝对优势策略是指玩家的某个选项收益在任何情况下都高于其他选项，如图 3-12 中的 B 选项。

对于玩家 1 来说，选项 B 的收益在任何情况下都大于选项 A 的收益，因此可以称选项 B 为玩家 1 的绝对优势策略。此外，如果某个选项的收益有且只有高于和等于其他选项收益的情况,那么称此选项为玩家 1 的弱优势策略,如图 3-13 中的 B 选项。

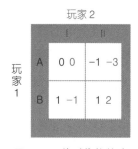

图 3-12 绝对优势策略

图 3-13 弱优势策略示意图

在选项 B 中,当对手选择 I 时,玩家 1 的收益等于选项 A 的收益(0),但是当玩家 2 选择 II 时,玩家 1 的收益高于选项 A(1 大于 −1)。

在游戏过程中,**当玩家不知道对手会采取哪种策略时,往往更倾向于寻找并选择优势策略**。但要注意的是,在对抗机制下,优势策略并不代表玩家的最优选择,因为在这类游戏中玩家需要考虑如何令自己的收益大于对手,而不是确保自身收益的最大化。例如,在图 3-13 中,虽然玩家 1 的 B 选项是弱优势策略,但是当玩家 2 选择 II 时,玩家 1 的收益会低于玩家 2,因此在对抗机制中,选项 B 不能保障玩家 1 永远获得对抗优势。但是如果玩家 2 认识到由于 B 选项是玩家 1 的弱优势策略,因此玩家 1 更倾向于选择 B,则玩家 2 会认为选择 II 更容易获得对抗优势。此时如果玩家 1 意识到玩家 2 更倾向于选择策略 II,他就可能转而选择策略 A。综上所述,虽然优势策略也许无法让玩家在对抗机制中处于真正的优势,却是玩家判断对方策略倾向性的重要依据。除此之外,**在合作模式中,如果参与者之间缺乏信任,判断各方的优势策略也是重要的决策依据。**

| **关键点提示**:优势策略是影响参与者策略倾向的重要手段。

由于优势策略能够有效地影响玩家的策略倾向,且更容易发现(只需关注自身收益关系),因此为了便于玩家理解,很多游戏中的制胜手段都被设计成优势策略。在实际分析时,设计师需要关注优势策略的收益显著程度。其中,收益显著程度是指优势策略收益高于其他策略收益的程度,收益差距越明显,玩家的策略倾向性就越明显。在游戏设计中,以下是两种常见的利用优势策略创造游戏体验的方法:

⊙ 转化博弈模型中的优势策略构成;

⊙ 需要玩家发现制胜策略。

下面来分别介绍这两种利用优势策略创造游戏体验的方法。

1. 转化博弈模型中的优势策略构成

转化博弈模型中的优势策略构成是指博弈模型中的策略组成在一定条件下会发生改变，使得没有优势策略的模型中出现新的优势策略选择。图 3-14 展示了这种改变过程。

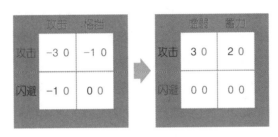

图 3-14 转化策略构成

图 3-14 展示了通过改变策略收益增加游戏代入感和成就感的设计方法。这种设计通过降低优势策略的收益让玩家在游戏初期处于劣势（图 3-14 左侧为博弈模型的闪避策略），随后通过转换策略收益关系让玩家发现获得胜利的机会，从而提升玩家的沉浸感和成就感（图 3-14 右侧为模型的攻击策略）。例如，在某些游戏的 BOSS 战中，BOSS 首先以完全无敌的状态向玩家发起攻击，玩家只能躲避或防御，当 BOSS 攻击一段时间后就会出现虚弱状态，这时候玩家就可以转守为攻，用特定技能攻击 BOSS，从而获得战胜 BOSS 的机会。在这个过程中，BOSS 处于无敌状态下攻击玩家是通过让攻击策略收益低于防御收益实现的，而玩家反败为胜的体验是通过调高攻击策略收益实现的。

2. 发现制胜策略

在一些游戏中，制胜策略存在于优势策略之中，但需要玩家去发现。例如，在《巫师3》中玩家需要对抗一种叫作日间妖灵的怪物，这种怪物在正常状态下不会受到任何伤害，玩家需要在地面上施展名为"亚登之印"的法术，并在将其引入法印范围内之后才能对其造成伤害。由于很多玩家之前并未经历过类似情况，因此在首次遇到日间妖灵时只能选择防守策略，之后通过不断地试探性攻击才能发现击败日间妖灵的策略。在攻击日间妖灵的过程中，优势策略始终存在，但是玩家只能通过不断尝试才能发现优势策略。

　　无论采用哪种设计方式，以上两种设计模式都会让玩家处于两个体验阶段：劣势阶段和优势阶段。这两个阶段有时会先后出现，也可能会交替出现，或只出现劣势阶段（游戏失败时）。其中，劣势阶段是指玩家在游戏中处于被动地位无力改变当前游戏局面的游戏阶段。优势阶段则是指游戏设计给玩家提供了获胜的机会，玩家通过自身的努力可以在游戏中获得优势并取得胜利的阶段。

　　在游戏的定义中我们介绍过，游戏的价值在于给用户提供有趣的问题解决体验，而劣势阶段的存在价值就是给玩家提出问题，增加玩家的关注度，从而提升游戏的带入感。当玩家处于劣势阶段时，由于玩家无力改变当前的被动局面，因此会产生一定心理压力，这种压力促使玩家需要关注游戏内容，并让玩家注意到需要解决的问题。在游戏设计中，设计师需要根据玩家游戏水平给予适当的游戏压力以保障游戏体验，因此在调整劣势阶段的游戏压力时可以用游戏压迫感公式来分析玩家的压力体验。

$$P = (1 - t/T) * |L|$$

　　P：压迫感函数，表示策略模型产生的压迫感；

　　t：玩家的游戏水平，用玩家的累计游戏时长表示，$0 \leqslant t \leqslant T$；

　　T：游戏难度，玩家 100% 完成正确选择所需的累计游戏时间；

　　L：失败损失，玩家无法完成正确策略选择所产生的损失（博弈模型中表示为小于 0 的收益，与单选模型中的量化收益类似）。

　　本公式中，t/T 表示玩家做出正确选择的概率。

　　基于游戏压迫感公式可以绘制出压迫感随玩家游戏水平变化的函数，如图 3-15 所示。

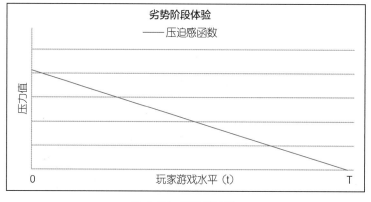

图 3-15　压迫感函数

从图 3-15 中可以看出，选择过程中的压迫感会随着玩家游戏水平的增加而下降，这主要是由于随着玩家的累计游戏时长不断增加，其游戏水平也在提高，因此做出正确选择的成功率也在不断提升。当玩家游戏水平 $t=0$ 时，玩家的游戏压力达到最大值，与此同时对游戏的关注度也最高，但无法做出正确策略选择，因此玩家会在这种高压状态下产生强烈的挫败感。当 $t=T$ 时玩家可以轻松地做出正确选择，所以玩家会感觉游戏过程毫无压力，从而失去对游戏的关注。为了确保玩家在博弈模型中保持一定的关注度，设计师可以根据目标玩家的游戏水平（t）调整游戏难度（T）和失败损失（L），从而给予目标玩家适当的游戏压迫感，使玩家获得更好的游戏体验。例如，通过增加损失量（L）可以整体性提升玩家对游戏的关注度，使其更明显地感受到自身的成长，如图 3-16 所示。

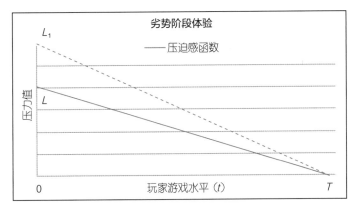

图 3-16　压迫感函数对比

图 3-16 显示了增加失败损失后的函数 L_1 与原函数 L 的关系。可以看出增加失败损失后，函数的斜率发生了变化。玩家在游戏中的压力感会随着游戏水平（t）的提升更快速地下降，因此玩家能获得更强的成长感。但是随之而来的问题是，如果玩家没能做出正确选择，其面临的挫败感也会更强。为了缓解这个问题，有时候游戏设计师需要根据目标玩家游戏水平调整游戏难度（T），如图 3-17 所示。

图 3-17 中展示了降低游戏难度后的游戏压迫感体验变化。在降低游戏难度（T）后，玩家虽然更容易做出正确的策略选择，但是其所感受到的压迫感也会随之下降，从而导致玩家的注意力下降。因此在调整游戏难度的同时，设计师需要考虑如何通过调整失败损失（L）来维持目标玩家的游戏压迫感，使其游戏体验能够保持在一个合理的范围内，如图 3-18 所示。

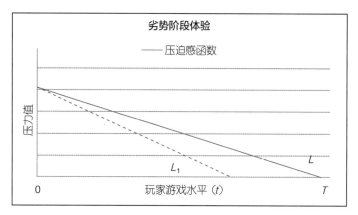

图 3-17　降低游戏难度的压迫感体验

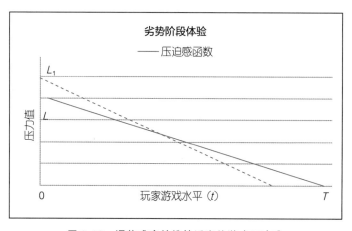

图 3-18　调整难度并维持适当的游戏压迫感

图 3-18 中展示了降低游戏难度后通过增加失败损失（L）来维持游戏压力的情况。其中虚线（L_1）表示调整后的游戏设计。从图中可以看出，当玩家的游戏水平处于两条函数线交汇处时，新的游戏设计不会对玩家体验产生影响，但是当玩家的游戏水平逐渐偏离交汇处时，游戏的体验偏差就会逐渐增加。因此当设计师试图调整游戏难度时，应该先确定目标玩家的游戏水平，以便减少体验偏差。

除了确保劣势阶段的体验能够带给玩家适当的压力外，设计师还需要关注优势阶段的设计能否将这种压力充分转化为正向游戏体验，从而带给玩家更好的体验效果。为此，我们需要引入优势策略的收益公式：

$$E = (t/T) * B$$

E：收益函数；

t：玩家的游戏水平，用玩家的累计游戏时长表示，$0 \leqslant t \leqslant T$；

T：游戏难度，玩家 100% 完成正确选择所需的累计游戏时间；

B：优势阶段中的收益（与单选模型中的量化收益类似）。

优势阶段的收益与劣势阶段的压迫感函数设计原理类似，因此在这里不做过多介绍。我们可以根据此公式绘制出优势阶段的正向收益函数，如图 3-19 所示。

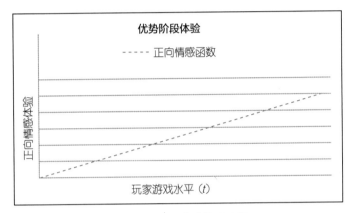

图 3-19　正向情感体验函数

图 3-19 表示在优势阶段中玩家获得正向收益的强度随玩家游戏水平（t）的变化情况。如果我们将劣势阶段的压力函数与优势阶段的正向收益函数相结合，可以得到玩家在不同游戏阶段下的压力与收益的整体变化情况，如图 3-20 所示。

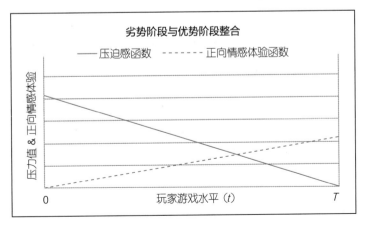

图 3-20　完整游戏体验

图 3-20 展示了收益（E）与游戏压力（P）随玩家游戏水平（t）变化的情况。从图中可知，如果玩家的游戏水平（t）落在两条函数线交点的最左侧，会呈现出压力很大但没有收益的情况，造成玩家的付出得不到相应的回报。例如，玩家奋力击败了 BOSS 却没有任何奖励。如果 t 落在了交点最右侧，会出现玩家的收益很高但没有任何压力的情况，造成玩家并不关注收益。例如，有些游戏轻易地给玩家投放了大量奖励，但对玩家却没有太多吸引力。如果令玩家的游戏水平（t）逐渐向两条函数线的交点靠拢，会发现游戏的压力与收益在交点处达到平衡，即压力与收益相等，此时的游戏压力与收益能够给玩家带来最好的体验效果。基于玩家游戏压力与收益的均衡关系，我们可以绘制出玩家游戏体验随游戏水平变化的函数图，如图 3-21 所示。

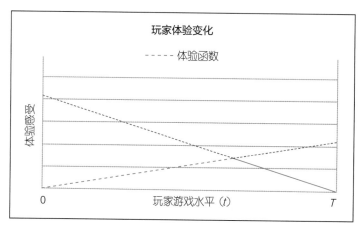

图 3-21　体验函数

图 3-21 展示了不同游戏水平的玩家体验。对于存在优势策略的博弈模型来说，玩家的体验大多基于游戏压力与收益中的较低值。分析游戏体验时，设计师要基于目标玩家的游戏水平判断游戏压力和奖励收益的设计是否合理。其中，压力函数与收益函数的交点不仅要尽量处在目标玩家游戏水平（t）所对应的位置上，设计师还需要关注目标玩家群体游戏水平的离散程度，并根据该离散程度来判断压力函数和收益函数的斜率是否可以保障更大范围内的玩家体验。调整游戏体验时，优先考虑调整游戏难度（T），再基于新的游戏难度调整游戏压力（P），最后再调整收益（E）。这主要是因为在很多游戏中玩家的通过率与游戏体验有着密切的关系，所以需要通过调整游戏难度优先保障玩家的通过率。

| **关键点提示**：调整游戏难度时要综合考虑游戏压力与收益在游戏体验上的变化，确保体验符合预期。

通过压力和收益函数分析游戏体验的思路不仅可用于分析博弈模型中的优势策略设计，还可用于分析其他选择模型的整体体验感受。例如，分析双选模型中不同选项之间的收益随玩家游戏水平的变化关系，从而分析玩家体验是否符合预期。

3.3.2　纳什均衡状态下的博弈模型分析

纳什均衡状态是一种参与各方的选择收益达到平衡的状态，即任意一方单独改变选择策略都无法增加其收益。在介绍基于纳什均衡状态的体验分析方法前，我们首先要知道如何在博弈模型中找出纳什均衡状态，图 3-22 展示了一个带有纳什均衡状态的博弈模型。

图 3-22 的博弈模型中存在两个纳什均衡状态。确定这两个均衡状态时，我们可以先基于"对手"的选项 I 和 II 找出玩家策略中的最大收益选项，如图 3-23 所示。

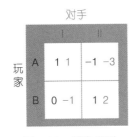

图 3-22　博弈模型

图 3-23　基于对手策略的玩家最大收益

图 3-23 展示了当对手选择 I 时，玩家的最大收益策略是 A，收益值是 1。当对手选择 II 时，玩家的最大收益策略是 B，收益值也是 1。接下来基于玩家策略找出对手的最大收益选项，如图 3-24 所示。当玩家选择 A 时，对手的最大收益是 1，且其最优选择是 A-I，同理，当玩家选择 B 时，对手的最优选择是 B-II。结合前面找出的玩家最大收益策略，我们发现参与双方的最优策略组合都是 A-I 和 B-II，因此参与双方在这两个策略组合中会处于单独一方改变其选择都不能增加收益的状态，即达到

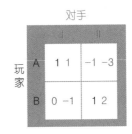

图 3-24　博弈模型中的纳什均衡状态

纳什均衡状态。

前面介绍了如何发现博弈模型中的纳什均衡状态，下面将介绍纳什均衡状态在游戏体验分析中的应用。

在游戏设计中，为了减少玩家的理解成本，增加游戏的乐趣，设计师需要用更少的游戏机制创造出更多的富于变化的游戏体验。实现这个目标的主要方法就是让玩家反复体验相同的游戏内容并获得不同的体验乐趣。在具体设计时，设计师会利用游戏机制在游戏内构建一种动态平衡的游戏环境。这种环境使不同的参与者通过不断改变策略保持某种势均力敌的状态。这种方法的原理是，在游戏过程中由于每一位参与者都会做出对自己最有利的选择，因此当参与各方同时做出选择时，自然就会产生某种纳什均衡状态，但是随着纳什均衡状态的出现，游戏机制会导致玩家间收益不均，因此收益较低的一方就会被迫改变选择，继而迫使其他参与者与其形成新的纳什均衡状态。此外，由于纳什均衡状态是参与各方共同选择的结果，因此在多人游戏中，达成纳什均衡状态的条件会因玩家不同而改变。这种改变同时造成玩家策略上的改变，进而增加游戏体验的丰富性。例如，竞技类游戏中通过多人对抗的形式使游戏中的纳什均衡状态随着不同水平的玩家加入而改变。

值得注意的是，由于博弈模型中的纳什均衡状态数量有限，因此玩家在大部分情况下只是在几个不同的纳什均衡状态下反复切换，从而形成了一种循环状态，我们将这个循环过程称为**策略循环**。

在分析存在纳什均衡状态的游戏体验时，设计师不仅需要关注纳什均衡状态下的玩家体验，还需要关注玩家能否基于不同的纳什均衡状态形成符合游戏体验目标的策略循环。在实际分析过程中，设计师可以从以下 4 个方面思考纳什均衡状态及策略循环对玩家游戏体验的影响效果：

⊙ 纳什均衡状态中的劣势方是否拥有翻盘策略；

⊙ 纳什均衡状态是否降低了策略循环效率；

⊙ 合作模式中的纳什均衡分布以及策略收益关系；

⊙ 异步验证模式下认知偏差对纳什均衡状态的影响。

下面分别介绍这几种基于纳什均衡状态的博弈模型分析法。

1. 纳什均衡状态中的劣势方是否拥有翻盘策略手段

纳什均衡状态虽然令参与各方的收益达到了最大化，但是这些收益并不一定相等，

因此当参与者之间存在收益竞争关系时，获得比对手多的收益（或受到比对手少的损失）
就变成了参与者改变纳什均衡状态的动力。图 3-25 的案
例展示了带有翻盘策略的博弈过程。

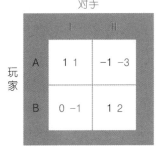

图 3-25　收益不等的纳什均衡

在图 3-25 的博弈模型中，策略组合 B-II 展示了处于
纳什均衡状态下的玩家收益小于对手收益的情况，如果游
戏规定收益较高的一方才能获胜，玩家就需要改变当前的
纳什均衡状态，从而获得收益上的优势。例如，当参与双
方处于 B-II 策略组合时，玩家为了获得比对手更多的收益
就会选择策略 A，使策略组合处于 A-II 状态，此时参与双
方都开始损失收益，但玩家的损失会少于对手，因此玩家
会获得优势。为了避免损失继续扩大，对手会采用策略 I，使得策略组合处于 A-I，达到
纳什均衡状态，这时玩家为了获得收益优势就会选择策略 B，使策略组合转换到 B-I，最
后处于劣势的对手会选择策略 II，使参与双方重新回到 B-II 的纳什均衡状态。在这个循
环过程中，A-I 和 B-II 都是纳什均衡状态，但是参与者为了获胜都会主动打破这种状态并
形成策略组合循环。**在分析游戏体验时，设计师需要关注博弈模型的设计是否能给劣势
方提供打破纳什均衡状态的策略手段。** 假如我们令 A-II 组合中的玩家收益小于对手，则
在策略组合处于 B-II 状态时，玩家就不再有翻盘的机会。

在早期的格斗游戏中，玩家可以通过反复使用特定的技能组合持续攻击对手，使其
丧失反击机会。在游戏设计中，如果参与者之间无法形成策略循环，游戏的乐趣就会下
降。这种游戏场景类似于敌人持续地使用特定招数攻击玩家，但玩家却无法反抗。反之，
如果参与者在任何情况下都能拥有维持策略循环的手段，则将提升游戏的策略丰富感和
游戏深度。最后，当游戏设计使得参与者无法扭转处于劣势的均衡状态时，设计师应该
让游戏尽快结束以减缓玩家的负面情绪。

| **关键点提示：** 在纳什均衡状态下，由于收益较高的一方不会主动改变策略，因此应该关
注劣势方是否拥有改变自己处境的策略手段。

在分析翻盘策略的体验时，我们还可以通过调整翻盘策略的损失和收益给玩家带来
不同的体验感受。在实际分析中，设计师可以从该策略博弈各方的收益和消耗关系出发，
结合游戏设计特色，思考翻盘策略能够带给玩家的体验感受，如图 3-26 所示。

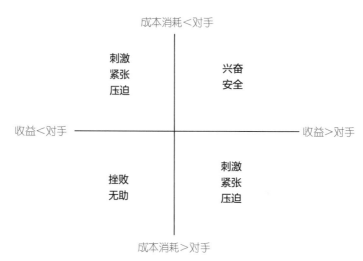

图 3-26 翻盘策略的成本收益关系带给玩家的体验感受

基于玩家与对手的收益关系和成本消耗关系，可以列出翻盘策略所能创造的体验感受。从图 3-26 中不难看出，最容易形成紧张游戏气氛的情况是玩家和对手在收益与消耗上各有优劣的状态，这使得博弈结果充满了不确定性。在调整翻盘策略的游戏体验时，只需改变玩家和对手的收益关系和消耗关系，即可创造出不同的玩家体验。

这种收益和成本消耗关系所带来的体验感受在游戏设计中很常见。例如，在 FPS 的对战游戏中，如果玩家装备精良且技高一筹，那么在受到攻击时反击策略是最优策略。因为此时受装备和技术影响的射击收益和血量消耗都会优于对手，玩家会感受到兴奋和安全。但是如果玩家技不如人，但装备精良，那么反击过程就会陷入一种紧张状态。因为虽然玩家击中对手的收益会更高，但是消耗的血量也可能高于对手。此外，考虑到游戏会面向不同水平的玩家，设计师还可以通过调整装备性能影响对战胜利所占的比例，以改善不同玩家的游戏体验。例如，当游戏希望对新手玩家更加友好时，就可以通过提升装备数值在对战中的作用，利用更高的射击收益弥补更多的技术缺陷，使得新手玩家获得更好的游戏体验，但会导致老手玩家感觉游戏缺乏技术深度。

除了关注翻盘策略的收益和消耗关系外，翻盘策略的数量、差异性以及掌握难度也对游戏体验产生着重要影响，其分析方法类似于分析选择模型中的选项收益体验，在这里不再介绍。

| 关键点提示： 设计师需要关注策略循环中的策略体验，根据翻盘策略的收益和成本情况

来判断体验是否符合设计预期。

综上所述，设计师应该关注在纳什均衡状态中，玩家处于劣势时能否拥有改变其处境的策略手段，以及这些手段是否能够带给玩家符合预期的体验感受。

2. 纳什均衡状态是否降低了策略循环效率

在分析游戏的纳什均衡状态时，设计师需要关注均衡状态能否高效地促进策略循环，从而提升游戏节奏和策略丰富感。下面通过一个简单的格斗游戏博弈模型示意图（见图 3-27）来介绍纳什均衡状态的设计是如何影响策略循环效率的。

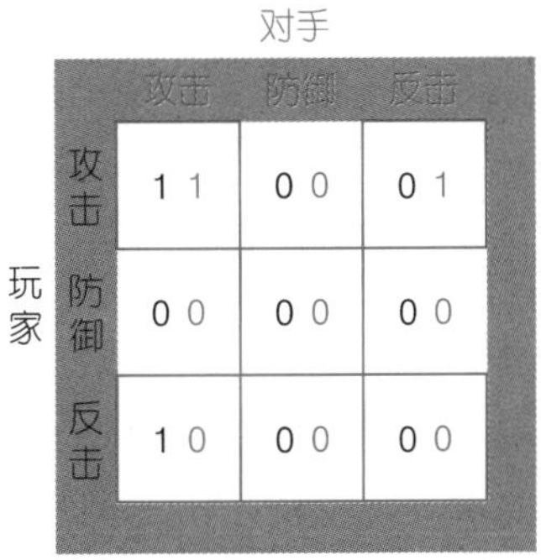

图 3-27　格斗游戏中的纳什均衡

图 3-27 展示了格斗游戏的博弈模型，其中数字 1 表示击中得 1 分（率先获得 10 分的参与者将获胜），红框标明了博弈模型中的纳什均衡状态。从图中可以看到，只有在"反击 – 攻击"或"攻击 – 反击"的纳什均衡状态下，对战双方才会出现分数差距，因此参与者都期望在对方攻击时使用反击策略获得分数优势。但是由于对战双方无法通过改变自身策略迫使对方攻击自己，因此对战者会优先选择不会让对手得分的策略。从图 3-27 中可以看到，防御 – 防御和反击 – 反击策略刚好满足此条件，所以对战双方很容易保持在两个纳什均衡状态中并停止策略循环，进而导致游戏的枯燥感增加且无法立即结束。

当游戏设计导致玩家处于某种纳什均衡状态下、无法形成策略循环时，设计师可以通过调整策略设计改变纳什均衡状态的分布来解决此问题，例如针对图 3-27 中的博弈模型，可以用破防策略替换反击策略来提升策略循环的转化效率，如图 3-28 所示。

对手

	攻击	防御	破防
攻击	1 1	0 0	1 0
防御	0 0	0 0	0 1
破防	0 1	1 0	1 1

玩家

图 3-28　反击被破防取代后的纳什均衡分布

在图 3-28 中，我们把反击改成了破防，对战者可在对方防御时使用破防获得 1 分。从图中可以看出，当用破防取代反击后，博弈模型中的纳什均衡分布发生了变化，参见图 3-28 中的红框部分。在新的博弈模型中，选择防御策略已经无法达成纳什均衡状态，能够达成均衡状态的策略组合都是得分组合，因此为了保证自己的收益不低于对手，对战双方会更倾向于主动进攻。除此之外，博弈模型中的策略组合收益也出现了更多的不均等情况，从而使玩家更容易在策略循环中得分并产生分数差距，促使玩家产生更多的心理波动并加快游戏节奏，让玩家感受到更加爽快的对战体验。

| 关键点提示：游戏中存在多个纳什均衡状态时，这些状态要能够促使参与者形成策略循环并将参与者导向游戏结果。

3. 合作模式中的纳什均衡以及策略收益关系

在很多游戏中，玩家需要与队友合作完成某些目标，因此合作体验也是游戏体验的重要组成部分。分析合作体验时，通过博弈模型来判断体验效果。下面通过一个合作博弈模型的示意图（见图 3-29），重点介绍基于纳什均衡状态和策略收益关系的合作体验分析方法。

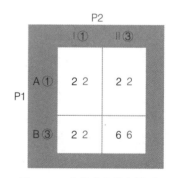

图 3-29　合作中的博弈模型

图 3-29 展示了合作模式下的博弈模型。其中 P1 和 P2 分别表示合作者，A、B 表示合作者 P1 的策略，Ⅰ、Ⅱ 表示合作者 P2 的策略，①、②表示选项难度（这里为玩家游戏水平要求），博弈模型中的数字表示策略组合的收益，且它们不存在认知难度。从收益关系上不难发现，该模型表达了一种鼓励团队合作的游戏机制，因为只有当参与者选择

B-II 策略组合时，才能获得最大的合作收益。但是当合作过程中存在选项难度的影响时，设计师就需要考虑不同水平的玩家合作时是否还能形成有效的合作关系了。例如，当 P1 的游戏水平只能选择策略 A 时，如果 P2 选择了策略 II，那么合作双方的选择收益都是 2。此时，P1 因为得到了和自己水平相当的选择收益，不会产生任何负面体验，但 P2 会因为 P1 的拖累导致收益减少，产生负面情绪并降低合作意愿。由于游戏中的玩家总会存在水平差异，因此这种模式下的合作就会导致玩家之间的合作意愿越来越低，最终使得游戏内容失去吸引力。因此在分析合作模式的纳什均衡状态时，设计师不能只看策略组合中的收益，还要通过建立动态收益公式分析不同玩家的合作体验是否符合游戏体验目标。例如《风暴英雄》中的升级机制就会存在这种问题。

　　《风暴英雄》是一款两队之间相互对抗的 MOBA 游戏。该游戏设计师为了提升队友间的合作意愿，用"战队升级"的机制取代了个人升级机制。其中"战队升级"是指：团队成员的个人等级成长被战队等级取代，战队等级需要通过全体队员贡献战队经验提升。当战队等级提升时，每名成员会获得相同的成长收益，即团队成员间不再有成长速度上的差距。下面用博弈模型来简单表示一下该合作模式，如图 3-30 所示。

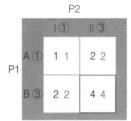

图 3-30　收益均分的合作模式

　　图 3-30 中，①③表示选项难度（玩家的游戏水平要求），策略收益表示玩家的成长速度。在该模式下，由于成长速度无法体现出单体玩家实力，因此当玩家间的实力差距较大时，高水平玩家的成长速度会大幅下降，从而降低了这些玩家的合作体验。相比之下，DOTA、《英雄联盟》等很多传统的 MOBA 游戏则使用了更能体现个人价值的合作模式，确保玩家更愿意达成合作，如图 3-31 所示。

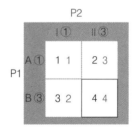

图 3-31　注重个人贡献的合作模式

　　图 3-31 展示了注重个人差异的合作模式，该模式允许高水平玩家获得更快速的成长，从而鼓励玩家提升游戏水平，增加玩家达成合作目标的动力。但这种设计也会弱化低水平玩家的参与感，因此设计师需要确定合理的收益差值，使其既能够鼓励玩家提升游戏水平，又能带给低水平玩家适度的参与感。

　　除了关注选项难度对合作收益的影响外，设计师还应该关注合作目标的达成条件是否处于纳什均衡状态，因为纳什均衡状态是博弈过程中最容易形成的稳固状态。此外，当合作状态中存在多个纳什均衡状态时，设计师还需要分析这些纳什均衡状态是否会阻碍玩家达成合作目标。例如，在图 3-29 中，A-I 处的均衡状态会阻碍玩家向 B-II 转换。这是由于策略 B 和 II 的选项难度高于 A 和 I，且参与者无法在 B-I 和 A-II 中获得更多收益，因此合作者更倾向于将策略组合调整至 A-I 的纳什均衡状态，从而导致合作目标难以达成。例如，在《魔兽世界》的大型团队副本中经常出现的"划水"（偷懒）现象很容易蔓延到更多的成员身上，这是因为奖励不会因为玩家付出的更多而增加，所以那些基于挑战时长给予不同奖励的副本更容易激发玩家提升合作效率的动力。

4. 异步验证下的认知偏差对纳什均衡状态的影响

异步验证是指玩家需要等到策略生效后才能知道选择结果是否符合预期的游戏设计。异步验证的过程可以分为"计划阶段"和"验证阶段"。计划阶段是玩家选择策略并对结果产生预期的过程，验证阶段是实施策略并产生结果的过程。在游戏过程中，玩家在计划阶段会对游戏局势产生认知偏差，而这种偏差会在验证阶段通过策略收益上的偏差体现出来。因此这种策略选择时的认知偏差不仅增加了策略结果的不确定性，还增加了达成纳什均衡状态的难度。图 3-32 展示了异步验证模式的特点。

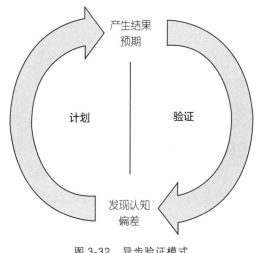

图 3-32　异步验证模式

在分析异步验证模式的游戏体验时，设计师可以基于认知偏差的产生方式和持续周期进行分析。其中，认知偏差主要是通过玩家无法掌握全部选择信息所导致的。这种信息掌握上的偏差可能体现为玩家对策略手段的掌握不足或是对选项收益的认识模糊，一般来说前者会使玩家产生更大的收益偏差，因此对玩家的体验影响要大于后者。在异步验证的游戏机制中，设计师主要通过游戏机制隐藏部分信息，来构建策略或收益的认知偏差。认知偏差的持续周期是指认知偏差存在的时间段，有些游戏会在不同阶段给玩家造成不同程度的认知偏差，从而控制玩家的策略选择节奏。

在很多游戏中，**认知偏差的影响集中体现在纳什均衡状态的建立效率上**。例如，在即时战略游戏中，对战双方会基于对方的策略选择自己的策略，从而使战局处于纳什均衡状态，而认知偏差则影响了玩家对如何达到均衡状态的判断。下面我们通过介绍早期RTS（即时战略）游戏的战斗机制，来介绍认知偏差是如何影响玩家游戏体验的。

早期的 RTS 游戏，如《沙丘魔堡 2》《命令与征服》，大多以单机关卡为主，玩家需要通过收集资源，有针对性地制造作战单位，并采取正确的战斗策略来击败电脑控制的敌人。在这个过程中，所有的策略选择都需要基于战斗开始前对敌人的策略预判，而策略的验证则需要等到策略实施后才能知道。因此这就使得游戏构成了基本的异步验证情境。此外，这些早期的 RTS 游戏为了扩大玩家的认知偏差还做了以下设计。

1）**兵种差异**：对战双方使用不同特点的兵种并随着关卡进度逐渐解锁。

2）**战场探索**：游戏初期玩家无法得知战场环境，需要派兵探索战场地图后才能知道战场地形和敌人位置。

3）**战术策略**：初版游戏只有单人关卡，每个关卡都设计了独特的 AI 进攻方式。

表 3-2 总结了这些设计的认知偏差建立原理和影响方式。

表 3-2　认知偏差分析表

序号	设计内容	认知偏差建立原理	策略性影响	持续周期
1	兵种差异	未知的兵种搭配	无法预测敌方进攻策略	关卡的前几次战斗中
2	战场探索	敌方生产策略未知攻击策略未知	无法预测敌方生产策略和进攻策略	地图探索完成前
3	战术策略	敌方策略原理未知	无法预测敌方进攻策略和生产策略	首次体验关卡的过程中

从表 3-2 中不难看出，认知偏差的作用时间大多集中在玩家首次体验游戏内容时，并且偏差幅度会随着玩家体验时间的增加而快速下降，如图 3-33 所示。

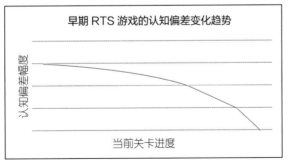

图 3-33　关卡中的认知偏差变化

图 3-33 表达了认知偏差随玩家关卡进度而缩小幅度的趋势。从图中不难发现，随着

玩家的关卡体验进度增加，认知偏差最终将会消失，因此当玩家再次体验相同关卡时，游戏的乐趣会大幅下降。为了提高游戏的耐玩性，即反复挑战的乐趣，设计师就需要增加认知偏差的持续周期，使得玩家在反复体验相同关卡时仍然存在一定的认知偏差，从而丰富游戏过程中的策略性。在优化时，我们可以基于认知偏差产生的原理思考优化方式。

1）**增加兵种组合策略，提升认知难度**：不同阵营间的兵种差异增加了玩家的认知偏差，但是游戏中的 AI 并没有利用太多增加这些差异化兵种的组合策略，这使得策略选择更加复杂，从而增加认知偏差。

2）**增加战场迷雾，延长持续周期**：地图探索完成后，将会暴露大量的敌人信息，使得玩家可以更准确地预判敌人的策略，从而减少认知偏差。因此可以考虑引入长效的信息隐藏机制，让对手的信息可以被持续地隐藏。

3）**增加随机策略，丰富策略变化性**：固定的 AI 策略导致玩家只需使用固定的战术即可应对，因此游戏会很快失去挑战性。如果增加 AI 策略的随机性，就能在一定程度上增加认知偏差，增加玩家反复游戏时的策略变化性。

在实际设计中，《魔兽争霸》和《星际争霸》系列印证了以上这些优化方法的效果。其中，《魔兽争霸1》在《沙丘魔堡2》的基础上引入了玩家对战的设计，该设计不仅提升了玩家胜利时的成就感，还大幅增加了对战过程中的策略复杂性，确保玩家在更长的游戏周期都会存在策略上的认知偏差，从而增加了游戏的耐玩性。

《魔兽争霸2》则引入了战场迷雾的设计。此设计会使玩家无法看到己方部队视野范围外的区域，从而隐藏了更多的敌方策略信息，进一步增加了对战时的认知偏差，并促使参与者不断开展侦察行动，提升了对战过程中的紧张感，加快了游戏节奏感。

最后，《星际争霸》通过不同阵营的兵种差异及其多元化的搭配方式，大幅增加了对战策略的复杂度，从而使得对战策略中的纳什均衡状态更加丰富，玩家产生认知偏差的范围变得更大，如图 3-34 所示。

通过前面的例子可以发现，在异步验证的游戏模式中，博弈模型的复杂程度和信息的暴露方式决定了玩家的认知偏差。要想让玩家在游戏中感受到策略多样性，就要增加博弈模型的复杂度，延长参与者达成最佳纳什均衡状态的周期。不过博弈模型过于复杂

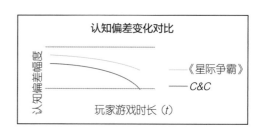

图 3-34 认知偏差对比示意图

也会造成学习难度过高，导致玩家流失，虽然新手引导可以在一定程度上缓解这个问题，但是在游戏过程中更加复杂的博弈关系会对玩家的体能、智力以及精力投入提出更高的要求，因此游戏机制的复杂度要符合目标玩家的接受程度，从而避免玩家对游戏望而却步。

| **关键点提示**：异步验证模式中的认知偏差幅度和持续周期，对游戏策略的不确定性产生了重要影响。

以上介绍了当游戏设计中存在纳什均衡状态时如何分析游戏体验的思路，最后我们介绍纯随机模型的体验分析方式。

3.3.3　纯随机模型

纯随机模型是一种无法基于收益确定策略选择的博弈模型，其典型案例就是石头剪刀布，如图 3-35 所示。

在石头剪刀布的博弈模型中，既不存在优势策略，也没有纳什均衡状态，因此选择任何策略都不会获得更多优势，胜负结果将完全取决于随机概率。由于游戏结果与玩家的游戏水平无关，所以该模型很难形成策略深度。游戏的核心机制使用纯随机模型的情况较少，因此在这里不做过多介绍。

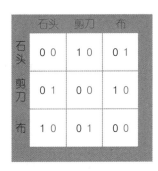

图 3-35　石头剪刀布的纯随机模型

| **思考与实践** |

1. 博弈模型的适用游戏场景是什么？

2. 在一个关卡设计中，难度过高造成玩家通过率只有 60%，此时需要将玩家的通过率提升至 80%。为了保持体验效果，应如何调整难度和奖惩内容？

3. 在 RTS 游戏中，我们设计了 A、B、C 这 3 个兵种，他们相互之间的伤害关系如图 3-36 所示。

① 请根据博弈模型判断玩家会采什么样的兵种组合。

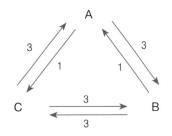

图 3-36　兵种间的伤害关系

② 如果引入兵种成本概念，假设 A、B、C 的生产成本都是 1，如何通过调整 C 兵种的生产成本提升玩家进行多兵种搭配的意愿？

③ 基于认知偏差的原理，运用什么手段可以延长游戏的生命周期？

3.4　本章小结

本章主要讲述了利用选择模型分析游戏体验的方法，基于不同的游戏选择场景可以使用不同的选择模型进行分析，并关注不同的体验影响点。

单选模型： 选项的难度、收益的发现难度、选项收益间的差值、收益随玩家游戏水平的变化速度、收益随游戏时间的变化、表现形式、选择形式。

双选模型： 单选模型的所有内容、收益极值。

博弈模型： 双选模型中的所有内容、优势策略体验、纳什均衡状态中的体验。

此外，在设计选择收益时，应该根据游戏的特点设计不同类型的收益，这些收益的类型能够根据游戏特点满足玩家多维度的心理需求。例如在注重剧情体验的游戏中，收益不应该只体现在玩家的实力成长上，还应体现在感情变化、价值观展现等更多的心理维度上，因为这样才更符合目标玩家的体验需求。

虽然很多游戏的体验都能基于选择模型进行分析，但是不同的游戏带给玩家的感受仍然存在差异，这主要是因为玩家选择策略的过程以及策略的实施方式存在着很大差异，因此要想提升游戏体验，还需要设计出优秀的游戏互动方式，这也是游戏创新的核心所在。

第 4 章 | 利用游戏机制创造不同的体验

我们在体验层的分析中重点介绍了游戏体验的分析方法，其中与这些体验有关的游戏机制会随着体验问题的解决而被优化，除了这些基于体验效果的机制优化外，设计师还需要基于机制设计的整体架构分析的体验传递效果。

早期游戏机制的架构设计相对简单，设计师只需通过几个机制上的创新即可创造出成功的游戏体验。例如，初代《暗黑破坏神》通过即时战斗的形式、随机生成的地下城以及差异化的职业体验获得了巨大成功。图 4-1 所示为《暗黑破坏神》的主要机制架构。

从图 4-1 中不难发现，《暗黑破坏神》的机制架构并不复杂，且都是围绕战斗机制构建的。在具体设计上，游戏通过调整战斗策略的获得机制和使用机制，提升了战斗的乐趣性和耐玩性。例如，随机生成的地下城关卡可以降低反复游戏时的枯燥感，不同的职业增加了玩家多次体验游戏的乐

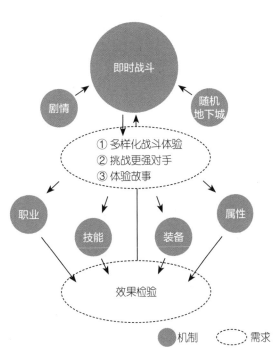

图 4-1 《暗黑破坏神》的主要机制架构

趣，在关卡中随机掉落的技能书和装备则建立了玩家反复挑战关卡的需求。总之，《暗黑破坏神》中的游戏机制都是为了提升战斗体验而存在的，这是因为玩家大部分的游戏时间都集中在战斗过程中，因此能否有效地提升战斗体验是游戏能否获得玩家认可的关键部分。

从《暗黑破坏神》的例子中不难发现，**在设计游戏机制时，设计师需要从游戏的核心体验出发，思考如何通过机制设计，搭建出一套能够支撑游戏体验目标的机制架构，从而实现产品目标**。所以在分析游戏机制时，设计师不仅需要注重具体游戏机制的体验效果，还需要关注机制架构的设计是否符合游戏产品目标和体验目标。

随着 F2P（内购游戏）的兴起，游戏机制在设计上开始关注如何影响玩家的行为，促使玩家在游戏中进行内购或点击广告以实现游戏的商业目的，即**通过合理的规则设计，创造相应的游戏体验，从而影响玩家的行为**。这种设计思路的出现，使得游戏机制架构的设计也变得越发复杂。

下面展示了基于 F2P 付费模式的卡牌游戏机制架构，从图 4-2 中可以看出游戏整体的机制设计目标是建立一种需求循环并提升玩家的付费欲望。

从图 4-2 中可以看到，游戏的整体机制设计可以被划分为**需求建立**部分和**需求转化**部分。其中需求建立部分包含了不同的战斗机制（如 PVE、精英 PVE、各种试炼），此部分的作用是向玩家传递游戏乐趣并将其转化成对特定标的物（属性、技能、角色等）的需求，且通过产出不同的资源吸引玩家持续游玩。而需求转化部分则是把玩家对标的物的需求转化成对具体资源的需求，从而增加玩家对需求建立部分的依赖，提升玩家的付费欲望。

在这种模式下，游戏的核心玩法是服务于整体需求循环的，不同的战斗机制更多是为了通过传递游戏乐趣给玩家建立价值追求，而其他的游戏机制则是利用玩家的价值追求，影响或控制玩家的留存或付费行为。注意，在 F2P 游戏中，提升产品差异化的方式大多体现在建立需求的机制上，例如游戏的战斗，剧情等核心体验内容。而其他游戏机制的差异性更多地用于平衡产品目标和玩家需求，从而更好地实现产品目标，例如增加打折机制、提升付费比例等。

总之，无论是需求建立机制还是需求转化机制都是服务于整体的产品目标的，因此当玩家对于游戏体验不感兴趣时，就需要优化需求建立部分的游戏机制，当产品目标的实现能力存在不足时，就应该优先考虑优化需求转化部分的机制。

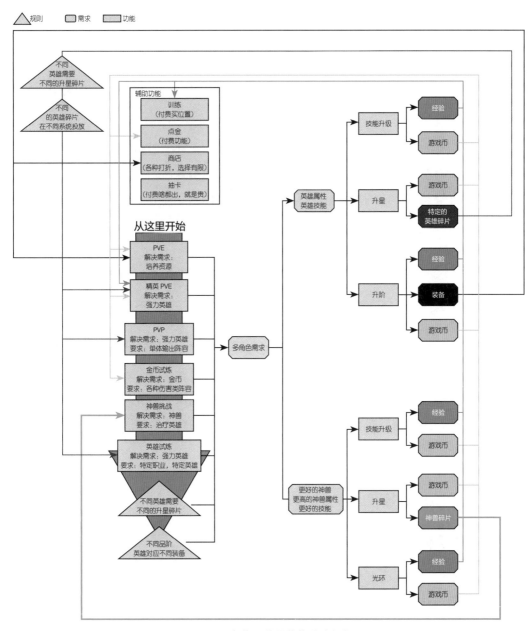

图 4-2　卡牌手游的整体游戏机制

此外，由于不同游戏的产品目标可能不同，导致其需求循环的实现原理也存在差异，这就使得相同的机制设计在不同的需求循环原理中，所发挥的作用也会存在差别。当设计师分析游戏机制时，需要根据游戏的需求循环原理因地制宜地思考每个机制的设计目标和存在的优化点，而不可过于基于经验，盲目将其他游戏中类似的设计经验照搬到当前的游戏设计中。

| **关键点提示**：类似的游戏机制可能会存在于不同的游戏架构中，但是它们所起到的作用却截然不同。

设计师只有对游戏的整体设计目标有着清晰的认识，才能准确地判断游戏机制的设计是否合理或存在优化空间。由于游戏机制是为了实现游戏体验目标而存在的，因此可以基于游戏体验目标确定机制的设计目标并作为分析依据。在分析游戏机制对游戏体验的影响时，我们可以从 3 个方面思考游戏机制层的优化方法：减少需求循环的认知偏差、游戏体验目标的实现效果和基于游戏体验目标的优化方法。

4.1 减少需求循环的认知偏差

在分析游戏机制层设计时，设计师首先需要确定玩家能否准确地理解游戏机制构建的需求循环。这是因为需求循环原理是实现产品目标的设计基础，玩家只有正确理解不同机制在需求循环中的作用，才能做出正确的选择，从而将自身的需求转化成有效的游戏行为，实现玩家体验目标和游戏的产品目标。反之，则会出现错误行为，导致玩家体验需求和产品目标的实现效果都无法满足。

在实际工作时，我们主要基于体验记录发现需求循环中的认知偏差，并通过可用性测试找出解决方法，下面将分别介绍这两项工作的具体操作方式。

4.1.1 基于体验记录发现需求循环的认知偏差

基于体验记录发现需求循环的认知偏差是指，设计师可以根据自身的体验分析或玩家的体验感受，总结出一个从玩家角度所理解的需求循环认知模型。再通过对比该认知模型和实际需求循环的差异，来发现需求循环的认知偏差。

在实际工作中，通过体验游戏建立游戏需求循环的认知模型是一种自下而上的总结方式。设计师通过体验游戏并记录不同机制所带来的体验感受来确定各个游戏机制的设计目的，再基于不同游戏机制的设计目的来确定其在需求循环中的作用，最后基于这些机制的设计目的和它们之间的联系方式，推导出游戏整个的需求循环。图 4-3 展示了通过体验游戏推导游戏需求循环认知模型的 4 个主要步骤。

从图 4-3 可知，归纳需求循环认知模型的过程是一个基于玩家体验记录的总结分析过程，因此需要请没有接触过游戏机制设计的人进行测试，避免测试结果受到个人经验的干扰。下面将详细介绍这 4 个步骤的具体操作过程。

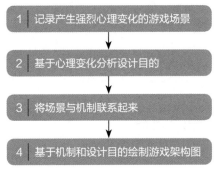

图 4-3 推导需求循环认知模型的 4 个步骤

1. 记录产生强烈心理变化的游戏场景

记录产生强烈心理变化的游戏场景，是对游戏体验的归纳过程。设计师可以通过记录这些强烈的心理变化情况和发生场景，判断对应机制想要达到的体验效果或设计目的。但是记录产生强烈心理变化场景的过程是非常困难的，因为游戏是通过让玩家产生忘我的心流（flow）来创造体验的，如果体验者在游戏过程中不断地关注自我的心理变化并进行记录就会打断这种心流，从而导致体验者在感受上出现偏差。因此比较好的办法是分段体验游戏并回味每段的体验，然后记录出现心理变化的场景。在分段体验的方法中，将体验效果分段的方法有很多，例如 RPG 可以按照剧情进度或者角色等级分段，SLG 游戏可以按照战略进度分段，网络游戏可以按照单个需求从建立到被满足分段，由于体验者在进行游戏前并不了解游戏具体的流程，因此段落规划不可能做到绝对清晰，体验者需要基于自身的经验判断应在何处暂停游戏并回味本段的体验，总之要尽量避免在出现强烈心理变化时突然中止游戏造成体验偏差增大。

记录体验感受时需要记录下自己的心理变化和发生的场景，便于之后将场景与相应的机制关联起来。表 4-1 模拟了某个手机卡牌游戏的体验记录。

表 4-1　心理变化记录表

序号	心理变化	发生场景
1	首次战斗的场面震撼，顿时产生了强烈的参与欲望	第一次战斗
2	战斗中加入了品质更高的新角色，利用新角色和老角色的技能组合险胜对手，感受到技能使用上存在策略	第二次战斗
3	使用抽卡功能可以获得新的角色，但是抽卡功能要花钱才能使用且只有十连抽才保障获得好的英雄，因此没有继续使用	抽卡功能引导
4	看到了首次充值赠送超级英雄的活动，并且充值后的额度刚好可以进行首次十连抽（首抽必得一个高级英雄），于是充值 30 元	看到了首冲礼包

表 4-1 记录了影响玩家游戏体验的关键场景和关键心理因素。确定了这些因素之后，接下来就可以基于这些关键的心理变化，判断相应游戏场景的设计目的。

2. 基于心理变化分析设计目的

基于体验者在游戏过程中记录的心理变化，我们可以将其与相应机制的设计意图联系起来，并找出机制间的联系。例如，在首次战斗中玩家因战斗场面震撼而产生的强烈参与欲望，体现出了提升玩家留存的设计目的。在第二次战斗中，新角色的加入以及通过技能组合险胜对手的设计是为了让玩家感受到优质的新角色能够增强战斗力并且角色的实力主要体现在技能上面，因此第二次战斗起到了角色价值传递的作用。我们通过记录这些心理变化的过程，推导出对应场景的设计意图。表 4-2 展示了心理变化和场景设计目标的对应关系。

表 4-2　通过心理变化分析设计目标

序号	心理变化	设计目标	发生场景
1	首次战斗的场面震撼，顿时产生了强烈的参与欲望	玩家留存	第一次战斗
2	战斗中加入了新角色，利用新角色和老角色的技能组合险胜对手，感受到技能使用上存在策略	建立角色需求	第二次战斗
3	使用抽卡功能可以获得新的角色，但是抽卡功能要花钱才能使用且收益随机，因此没有继续使用	付费满足角色需求	抽卡功能引导
4	看到了首次充值赠送超级英雄的活动，并且要求的充值额度配合身上的充值币可以进行十连抽，可以额外获得一个英雄，于是充值 30 元	刺激玩家付费	首冲礼包

由于表 4-2 中的场景设计目标在很大程度上是相关机制设计目标的一部分，因此我们接下来就可以根据这些设计目标所对应的场景，判断它们属于哪些游戏机制。

3. 将设计目标与机制联系起来

由于心理变化场景是由相应的游戏机制创造的，因此体验者可以基于游戏场景将设计目标与相关机制关联起来。例如，玩家在第一次战斗中感受到了画面的震撼，而实现这个游戏场景的方法是通过强化战斗机制的表现力得到的，因此我们可以认为该场景的设计目标就是战斗机制所要实现的设计目标。表 4-3 记录了不同的心理变化场景所对应的机制。

表 4-3　基于场景关联设计目标与机制

序号	设计目标	发生场景	机制
1	玩家留存	第一次战斗	战斗
2	建立角色需求	第二次战斗	战斗
3	付费满足角色需求	抽卡功能引导	抽卡 新手引导
4	刺激玩家付费	首冲礼包	首冲礼包

现在，我们已经通过体验游戏的方法，确定了各个游戏机制所要达到的设计目标。之后，我们需要基于这些机制的设计目标和这些机制的设计规则，确定它们在需求循环中的位置。

4. 绘制系统架构图

经过前面 3 步已经可以确定各个机制的设计目的。现在，我们需要根据各个机制的设计目标，找出它们在需求循环中的作用是需求建立还是需求转化，再结合各个机制的设计特点和它们在游戏各个心理变化点的出现顺序，归纳出游戏的需求循环认知模型，如图 4-4 所示。

最后，由于每名体验者的游戏偏好以及游戏能力各有不同，因此总结出的系统架构会存在差异，所以应该尽量寻找符合目标用户特征的玩家或设计师进行测试。

| 关键点提示： 符合目标用户特点且未参与过游戏设计的玩家或设计师测得的结果更有参考价值。

现在，我们已经有了一个基于体验游戏得到的需求循环认知模型，接下来只需要将这个模型和实际设计的需求循环进行对比，就可以发现其中的认知偏差。具体的对比方法不再赘述。接下来我们需要关注的是如何解决这种认知偏差。

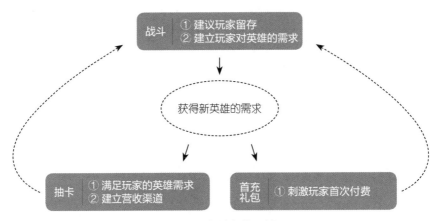

图 4-4 设计架构示例

4.1.2 通过可用性测试解决认知偏差

前面介绍了通过体验游戏来总结游戏机制的方法，如果将总结好的游戏机制与策划设计的机制架构进行对比就有可能发现其中存在的差异，我们通过判断这些差异点对游戏体验目标的影响程度来决定需要优化的范围。紧接着，设计师就可以通过可用性测试的方法找出产生这些认知偏差的原因。

1. 通过可用性测试找出产生认知偏差的原因

可用性测试是一种用户体验设计中经常使用的体验检测方法，它的主要测试过程包括：筛选目标用户作为测试对象，设计测试任务，观察测试对象的任务完成情况以及通过用户访谈发现产品中的潜在问题。在游戏用户体验的分析过程中，可用性测试同样可以用来检测用户产生认知偏差的原因。假设在图 4-2 的卡牌游戏架构中，测试者总结的需求循环认知模型中没有区分出英雄碎片和神兽碎片，则会导致玩家对神兽挑战玩法的追求减弱，适合该玩法的英雄价值感下降。为了解决此问题，设计师可以寻找没有进行过测试的玩家进行一次可用性测试，测试步骤如下：

1）设计一套调查问卷用于筛选符合测试条件的玩家；

2）设计测试任务，通过让测试对象完成测试任务，检测产生认知偏差的原因；

3）设计测试问题，用于测试结束的访谈，从而帮助测试人员更准确地判断产生认知偏差的原因；

4）进行测试，让玩家掌握进行测试所需的必要技能，然后观察玩家测试时的自然行为，不要打断玩家；

5）测试结束后，根据之前设计好的问题结合每个玩家的测试情况进行访谈，更准确地掌握产生认知偏差的原因；

6）通过归纳不同玩家的体验问题，找出产生认知偏差的原因。

值得注意的是，由于游戏属于一种复杂的机制集合体，因此很多情况下无法通过可用性测试进行完整的检验，这时候就需要基于认知偏差对玩家需求循环的影响程度，确定优先级较高的问题并进行测试。例如，在《暗黑破坏神》的例子中玩家如果不理解角色属性的作用就会对游戏的需求循环产生很大的影响（实际上确实有人因为加错了属性导致无法继续游戏），因此这就是一个急需验证的问题。反之，如果玩家不了解游戏的剧情或者不知道地下城是随机生成的也不会对需求循环产生太大影响，所以这些问题的优先级就会低一些。

2. 基于可用性测试的结果，选择适当的修改方式

通过可用性测试发现问题之后我们可以制定出多个解决方案，但是究竟使用什么样的解决方案也是需要考虑的。由于不同功能中的游戏机制存在着紧密的联系，因此有时候为了优化某些机制可能需要调整其他功能中的机制，当遇到此类情况时，我们需要**基于认知差异的严重程度考虑修改方案，从而避免因过度修改导致体验下降**。例如，如果在图 4-2 的卡牌手游中体验者没能发现英雄碎片和神兽碎片的区别，就会导致需求循环出现认知错误，这是比较严重的问题。设计者可以考虑表 4-4 所示的方案。

表 4-4 问题解决方案

序号	解决方法	工作内容	修改复杂度
1	增加图标视觉效果上的差异化	重画图标	低
2	优化新手引导功能强化神兽碎片的引导	修改功能	中
3	增加单独检验神兽实力的玩法强化神兽的需求	增加新机制	高

在上面提到的 3 种修改方案中，分别对应了不同的修改复杂度。其中，重画物品图标并不需要修改任何功能逻辑，而优化新手引导则需要对单一的功能流程进行修改，增加新机制则会对游戏架构中的多个机制造成影响，因此必须慎重对待。除此之外，复杂度越高的修改方式出错的风险越高，因此需要根据修改风险和优化效果谨慎选择适合的解决方案。

| 关键点提示：基于认知偏差的影响程度和产生原因，选择性价比较高的解决方案才是上策。

　　通过分析游戏机制的认知偏差可以发现需求循环中存在的薄弱环节，不过即使玩家完全理解了游戏机制，也并不能代表游戏的体验就能完全符合预期，因为机制本身的规则设计对于玩家体验和需求循环的构建也很重要。因此我们还需要判断具体功能的设计是否合理。

| 思考与实践 |

　　1. 选择一款游戏，请基于图 4-2 的形式绘制出该游戏的机制架构图。
　　2. 基于上一题总结的机制架构图说出机制循环中的某个问题并给出优化建议。

4.2　关注机制逻辑能否准确传达体验目标

　　由于游戏体验有很大一部分是通过机制设计传递给玩家的，因此机制设计能否有效地创造出相应的游戏体验也是设计师需要关注的问题。实际工作中，设计师可以通过对机制逻辑的分析来判断机制能否创造出符合预期的游戏体验。例如，在培养类的卡牌手游中，设计师期望增加不同培养机制在玩家心中的价值感，因此使各个培养机制分别对应不同的成长点（属性、技能），从而在玩家心中形成了明显的价值差异化，形成了各自的价值感，如图 4-2 所示。

　　在分析机制的体验传递效果时，设计师需要关注以下 2 个方面：

　　⊙ 单个机制规则是否符合游戏体验目标；
　　⊙ 多个机制之间的协同效果是否符合游戏体验目标。

　　下面将举例说明。

1. 关注单个机制是否符合游戏体验目标

　　前面提到，机制的设计目的是带给玩家符合预期的体验，从而实现游戏的产品目标。为此游戏策划会通过设计机制规则来影响玩家的认知与行为，从而构建不同的体验感受。

例如，DOOM 和《使命召唤》都属于 FPS 游戏，但是玩家感受到的体验差别却很大，因为前者追求的是快节奏射击带来的爽快体验，而后者更多的是模拟现代战争的战斗体验。在射击机制上，DOOM 使用了无弹夹设计，瞄准精度也不会随着角色移动而下降，这些设计使得玩家可以在快速移动中进行精准射击，从而为快节奏的战斗体验创造了必要条件，而《使命召唤》的射击系统则更接近战争中的真实感，玩家不仅需要换弹夹，瞄准精度也会在移动射击和连续射击时下降，这使得玩家在战斗中要更谨慎地走位并注重战术策略。基于这两个游戏案例不难发现，调整机制规则可以带给玩家完全不同的体验，而这些机制上的调整都是为了服务于相应的游戏体验目标。为此，设计师在分析游戏机制的体验效果时，需要关注单个机制的设计是否和游戏整体的体验目标和产品目标相符。

2. 关注多个机制之间的协同效果是否符合游戏体验目标

设计师除了关注单个机制的规则是否符合游戏体验目标外，还应该考虑不同机制之间的规则组合是否有效构建体验目标。这里，初代《彩虹 6 号》为我们提供了一个非常好的设计案例。该作品通过重新组合已有的游戏机制，创造出了一种混合 FPS 游戏和策略游戏体验的"战术射击"体验。在该作品中，玩家不仅能够扮演成特警队员体验 FPS 游戏的紧张刺激，还能够通过指挥作战小队、制定作战计划感受到强大的策略性。由于游戏的核心体验由射击变成了战术射击，因此游戏需要让玩家在关注射击部分的同时关注战术策略部分，即 FPS 机制要与策略机制进行有效融合，使二者在游戏过程中都能够发挥重要的作用。在具体设计中，设计师首先通过调整 FPS 部分的机制弱化了玩家个人在 FPS 机制下的作用，这其中包括大幅降低人物移动速度和移动射击精度以及移动静止后的射击精度恢复速度等，这些机制上的调整使得玩家即使快速瞄准敌人也很难命中。此外，游戏降低了对战双方的生命值，使其达到一枪毙命的效果，从而降低了玩家射击的容错率。这些 FPS 机制上的调整虽然降低了玩家在战斗中的单人体验，但是大幅提升了游戏策略部分的参与价值。不仅如此，为了能够弥补玩家在 FPS 机制上的体验不足，让策略部分的体验价值得到进一步的突出，游戏设计了非常强大的战术管理机制。该管理机制不仅允许玩家安排队员的行进路线、行动时间，甚至还管理队员的装备以及在何时何地使用这些装备，可以说，每一个行动细节都可以被玩家规划，而这些机制设计在之前的 FPS 游戏中都是未曾出现过的。通过这些机制上的调整，该作品的战斗机制和战术管理机制形成了完美的契合，使得两个机制有效地支撑起了"战术射击"的体验目标。

值得一提的是，虽然该游戏获得了巨大的成功，也开创了《彩虹6号》系列作品，但是这种体验也存在着问题。首先，大量的策略游戏和射击游戏玩家隶属于不同的游戏群体，而《彩虹6号》的玩家群体处于这两个群体的交集部分，这就使得本作品的市场规模受限。其次，由于策略部分需要在战斗开始前规划，因此会导致玩家需要在体验游戏关卡前花费很长的时间进行战略部署，这也致使策略反馈周期过长。此外，战斗过程中的容错率较低，策略上一旦出现差错就很难挽回，导致玩家很容易出现"在战斗前付出巨大努力制定战术，但在战斗中由于些许差错造成努力付之一炬"的巨大负面体验。因此，设计师在分析机制设计时，还需要关注创新带来的负面影响。

如果说《彩虹6号》中的射击机制与战术机制很好地构造出了"战术射击"体验，那么《巫师3》中的《昆特牌》可能就有点喧宾夺主了。《昆特牌》作为一个附属游戏机制，由于乐趣性过强，导致很多玩家中断了体验主线故事，改为去世界各地寻找不同的角色打牌。幸运的是昆特牌带给玩家的仍然是正向的体验，因此《巫师3》并没有因为《昆特牌》的存在而使得体验效果下降，但是游戏体验目标确实出现了偏差。

注意，有些游戏中的机制组合不需要进行太多的调整也能够达成很好的协同效应，例如《樱花大战》是一款融合了恋爱养成与战术策略体验的游戏，由于战术策略部分和恋爱养成部分被放到了不同的游戏阶段并且没有太多的相互影响，因此并不需要修改游戏机制即可实现游戏体验目标。

从前面的例子中不难发现，分析某个机制时，设计师不仅需要关注该机制的设计能否满足设计目标，同时要思考当前机制的设计能否与其他机制形成协同效应来支撑游戏整体的体验目标。

| 关键点提示： 设计师需要关注不同机制之间的协同效果能否有效地支撑游戏体验目标。

最后，除了分析机制设计能否与游戏体验目标相匹配外，设计师还需要关注其他基于游戏机制的设计是否满足设计目标，例如某件高价出售的武器是否被赋予了较高的伤害值（属性机制），该武器的产出难度是否使其供不应求（掉落机制），是否能够在聊天中分享该武器给更多的玩家，建立需求（分享机制）。综上所述，在这个高价武器的设计中，属性机制构建了该武器的实用价值，掉落机制构建了它的稀有度，分享机制增加了玩家需求；因此要通过这些机制的协调工作，来实现高价出售武器的结果。

　　由于更加详细的机制设计内容与策划的工作联系更加紧密，因此不再过多介绍。作为用户体验设计师只要知道游戏中的很多体验目标需要依靠机制才能实现即可。

| 思考与实践 |

1. 请举例说明一款游戏通过调整或整合核心机制创造了全新的体验，并简单说明调整的关键规则。
2. 能否通过在 RTS 游戏中引入 FPS 机制创造出"前线指挥官"的游戏体验？如果可以，如何调整游戏机制使得玩家能够同时体验 RTS 内容和 FPS 内容，从而获得符合预期的游戏体验？

4.3　基于体验目标优化机制

　　随着对游戏理解的逐渐加深，设计师有时会提出某些机制上的优化方案。这些方案是否值得实施，主要取决于优化方案能否提升游戏的体验深度（玩家心理变化的强度）、体验效率以及需求循环的稳定性。而应当避免基于体验者的心理感受，如"不方便""操作烦琐"这种直觉反馈提出机制修改建议。下面通过几个案例，分别介绍几种常见的机制调整情况。

1. 基于体验目标增加有效机制

　　在游戏体验分析过程中，设计师可以基于游戏的体验目标给出增加游戏机制的建议。例如在沙盒类游戏中增加 RPG 游戏的成长机制和任务机制，可以升玩家的成长感、沉浸感和使命感。在操作流程很长的功能中，增加一键操作完成的机制可以提升玩家获得正向体验的效率。在射击游戏中，增加辅助瞄准机制，可以提升新手玩家的游戏乐趣。下面通过快速寻路机制的设计来说明如何基于体验目标添加适合的游戏机制。

　　快速寻路机制作为一种非核心机制很少出现在早期的游戏中，但是随着玩家对游戏体验的要求越来越高，设计师开始引入这种能够提升体验效率的机制。在很多单机游戏中引入的快速移动机制只允许玩家快速移动到一部分已经去过的地点。这种"半自动"的移动机制是基于"玩家只有探索世界才能达成体验目标"的设计逻辑而出现的。因此设计师优先确保了快速移动机制不会降低玩家探索世界的体验，其次才是避免远距离移动产生的疲惫感。

与单机游戏不同的是，很多网络游戏为了降低玩家完成任务的难度设计了自动寻路的功能，在这类游戏中，玩家只需要点击界面中相应的任务信息，就能自动移至任务地点并开始任务。这是因为该类游戏达成游戏体验目标的方式与探索游戏世界没有太大关系，所以增加更加便捷的自动寻路功能可以提升玩家的体验效率。

| 关键点提示：设计师需要基于游戏体验目标选择适合的游戏机制。

2. 调整存在体验问题的机制

很多情况下设计人员往往难以在既有的机制设计上发现能够进一步提升体验的优化点，因为设计师在参照同类游戏的设计时陷入了该游戏的设计体系无法自拔，而该体系中严密的设计逻辑总会让人感到每个设计都是恰到好处。但是如果基于游戏的体验目标进行分析，则有可能发现更好的设计方案。下面用 FPS 游戏的血量设计来说明通过调整游戏机制提升游戏体验的方法。

在早期战争题材的 FPS 游戏中，玩家的血量被设计成血量条的形式，每次受到攻击后玩家的血量会下降，在一些关卡中玩家可以获得药品恢复损失的血量。这种设计与同时期的很多 FPS 游戏并无二致。但是如果思考一下游戏的体验目标：紧张刺激的真实战场体验，那么血量条的设计也许并不能很好地构建紧张感，这主要是因为紧张感很大程度上是由濒死状态所构建出来的。但是由于在 FPS 游戏中玩家的视觉焦点总是落在屏幕中央，因此导致血条的濒死状态经常被忽视。不仅如此，由于血量只能在特定地点恢复，因此玩家在战斗中处于濒死状态的时间就很难把控，游戏可能会造成玩家在很长一段时间内处于濒死状态，使得角色的死亡几率大幅上升，反而降低了游戏体验效果。

所以，为了能够提升战场中的紧张感，又避免让玩家经常死亡，很多后续出品的 FPS 游戏将血量过低的显示方式改为全屏幕出现染血状态，更重要的是设计师还修改了血量的恢复逻辑，让玩家在脱离战斗后可以逐渐恢复血量，使得游戏可以更频繁地营造出濒死状态（紧张感），但不会增加玩家的死亡率。

| 关键点提示： 基于游戏体验目标思考现有游戏机制存在的优化空间往往可以得到更好的机制设计。

在基于游戏体验目标调整游戏机制的设计思维下，设计师需要关注的是游戏机制带给玩家什么样的体验感受，之后判断影响这种体验感受的机制因素有哪些。哪些因素对游戏体验目标的实现有正向的效果，哪些有负面的效果，哪些存在优化的空间。最后设计师通过对这些影响因素进行调整，就可以获得更好的机制设计。

3. 删减多余机制

虽然游戏设计师期望游戏的机制都能按照预期发挥其作用，但是总会有些体验效果低于预期且无药可救的机制需要被去掉。好消息是随着游戏设计模式越来越成熟，删减机制的情况已经越来越少，但是我们还是能够在一些游戏的续作中看到基于前作的机制删减，这些被删减的机制有些是因为玩家难以掌握，有些是为了更好地支持游戏体验目标。

在《暗黑破坏神 3》中，游戏设计团队去掉了前作中角色升级时的属性点数分配机制，这主要是由于该机制很容易使初学者选错培养方向导致无法继续游戏。此外，属性点数需要随着角色升级逐渐积累才能慢慢发挥出效果，但是角色装备提供的属性加成会弱化属性点数的加成效果，使其在战斗中并不能很明显地形成差异化体验。考虑到这些情况，设计团队去掉了这种成长机制，取而代之的是引入了技能符文机制（一种可以给技能设置不同效果的机制），从而在保持战斗体验丰富性的同时，降低了玩家的犯错成本。

《暗黑破坏神 3》虽然在技能符文机制的设计上获得了成功，但是其取消野外随机地图的做法却导致重复游戏时的体验下降。因此删减功能时需要分析潜在的体验损失是否可以被接受。在实际工作中，我们可以通过对同类产品或测试版本的游戏进行玩家调研来判断这种损失的可接受度。在这个过程中，设计师可以通过邀请游戏目标用户来体验游戏的机制设计，并通过观察玩家的反应和访谈来了解玩家对这些机制变化所持的态度。

| 思考与实践 |

如果需要把一款类似《星际争霸 2》或《魔兽争霸 3》的竞技型 RTS 游戏从 PC 平台移植到移动端，已知该游戏核心体验主要体现在兵种组合策略、地形策略和操作策略，而移动端的玩家无法接受过长的单局游戏时间、过于复杂的操作策略，那么如何调整相关的游戏机制，使其能够更加适应移动端玩家的体验需求？举例说明 3 个需要修改的机制，分别对应机制调整、机制增加和机制删减。

4.4　本章小结

本章主要讲述了游戏用户体验设计师基于游戏体验目标分析游戏机制是否合理的思维方法，设计师需要先确定游戏整体的设计架构能否有效地建立需求循环并符合体验目标，再基于游戏体验目标分析具体的机制设计是否合理并思考优化方案。

在游戏架构的体验分析过程中，设计师可以基于测试玩家的体验感受总结出机制架构并与策划规划的架构进行对比，从而发现潜在的问题，并根据问题的影响程度进行分级。在游戏架构的体验分析过程中主要可以分析出三大类问题。

第一类问题：**机制未被发现**。这类问题表现为体验完游戏后不知道该机制的存在。

第二类问题：**机制的定位不清晰**。这类问题表现为体验者不知道该机制的价值。

第三类问题：**机制存在认知偏差**。这类问题表现为游戏机制在体验者心中的价值与实际价值存在偏差，导致体验者出现错误的游戏行为。

在机制逻辑的分析方法中，我们通过几个案例讲述了如何基于游戏体验目标去思考游戏机制能否准确地传达游戏体验效果，这其中包括单个机制内部的规则合理性以及多个机制协作的匹配性。随着游戏机制越来越复杂，很多游戏开始依托于多个机制协作，创造出更丰富的体验。因此用户体验设计师需要重点关注机制之间的协作体验，当然这也需要对单个机制的体验有良好的认识。

在机制优化的部分我们列举了一些基于游戏的体验目标进行机制优化的案例，从而帮助设计建立一定的游戏机制设计思维。

最后，当机制层面可以完美地将游戏体验传达出来时，用户体验设计师还需关注体验传递中的最后的一层：**表现层**。

第 5 章

表现层的界面体验分析与设计

　　表现层是游戏与玩家互动的媒介，它将游戏机制转化成可被玩家感知的视听信息，玩家通过表现层来体验游戏机制并获得互动反馈。表现层的作用不仅是将游戏机制通过适当形式呈现给玩家，还可以利用特定的视听信息对玩家产生强烈的心理影响，因此表现层的设计对游戏的体验影响非常重要，例如某些游戏在不修改任何机制的情况下仅通过使用特定的角色形象就可以吸引到粉丝群体。

　　游戏用户体验设计师在游戏表现层的主要工作是设计游戏界面的交互逻辑和视觉传达效果。游戏界面在这里指的是玩家与游戏交互的媒介，而并不仅限于由面板、按钮、文字等信息组成的窗体式界面。例如，在手机游戏中使用的虚拟摇杆或拥有操作功能的游戏场景、游戏物体或角色也属于游戏界面。

　　在分析游戏表现层的体验时需要从界面的易用性、易学性和情感化设计 3 个方面来进行思考。

　　易用性： 在传统的认知中，易用性关注的是用户完成目标的操作效率。由于游戏中的玩家目标大多是体验目标，因此游戏中的易用性关注的是玩家获得游戏体验的效率。

　　易学性： 易学性在传统的认知中关注的是降低信息的理解难度，提升新手用户的学习效率。但是在游戏设计中，易学性更应该关注的是正确地引导玩家的认知，有效地建立虚拟价值。

　　情感化设计： 情感化设计是激发玩家深层心理变化的一种设计方法，由于玩家体验游戏主要是为了获得某种情感化体验，因此设计出能够让玩家产生强烈心理波动的表现形式也是提升游戏体验效果的重要方法之一。分析情感化设计效果时，需要关注目标用户的文化价值取向。

接下来，我们将详细介绍这 3 种设计思维。

5.1　易用性与体验效率

易用性关注的是玩家通过界面达成目标所需付出的成本量，其中玩家的目标是指玩家体验目标，付出的成本是指玩家为了满足体验目标所付出的精力、时间、行动以及资源。例如在强化界面中，玩家点击强化按钮的行为就是付出。因此，提升界面易用性的目的是提升玩家的体验效率。此外，由于界面的操作步骤在一定程度上反映了游戏机制，因此设计师在优化界面易用性的过程中可能会改变机制设计，例如通过优化物品的排序规则减少玩家查找物品的操作步骤，通过增加自动出售垃圾物品的机制减少玩家出售物品的操作。所以设计师在优化表现层的易用性时不仅需要思考交互形式的优化方式，还要从机制设计的目标出发来思考是否存在机制优化的空间。

需要注意的是，并不是所有界面都需要提高易用性，有些界面甚至需要降低玩家的易用性。例如游戏中的广告界面为了提升用户转化率，将关闭按钮做的非常小并且使其随机出现在屏幕的不同位置上，这种设计将迫使玩家在广告界面停留更多的时间，甚至出现误点广告的情况，如图 5-1 所示。

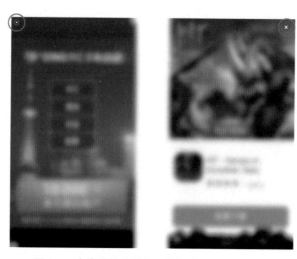

图 5-1　广告页面中的关闭按钮出现在不同位置

从广告界面的案例可以看出，在思考界面的易用性时需要先找准界面的服务对象，因为有些时候界面的价值并不会体现在使用者身上，所以分析界面易用性时要先考虑界面的设计目标。当确定界面需要确保易用性时，设计师可以从 7 个方面分析界面的易用性效果：

⊙ 界面是否优先满足主流玩家需求；

⊙ 界面功能是否为经常出现的使用场景做了优化；

⊙ 功能的操作体验；

⊙ 信息是否完整且无须记忆；

⊙ 边际情况下的易用性；

⊙ 反馈是否及时准确；

⊙ 提示是否适时。

下面将分别介绍这 7 个方面的分析思路。

1. 界面是否优先满足主流玩家需求

在很多游戏中，玩家群体的游戏水平处于正态分布状态，即大部分玩家的水平处在某一区间内，我们将这些数量很大且水平近似的玩家称为中等水平玩家或该游戏的主流群体。在设计时，设计师应该优先照顾主流群体的游戏体验，因为这部分玩家不仅人数众多，同时对游戏的体验感受也最为敏感。

为了照顾主流玩家的游戏体验，设计师需要先确定界面的基础架构，即各个界面的功能归属以及它们之间的递进关系。在实际工作中，我们可以从两个维度来思考界面架构的组织方式。

1）纵向维度：从玩家目标出发，思考如何对游戏机制进行归类再划分界面关系；

2）横向维度：从玩家的游戏水平出发，思考不同水平玩家对不同界面的需求频率或程度。

图 5-2 中展示了装备培养系统的界面架构分析思路。纵轴展示了玩家目标转换成界面的过程，横轴表示了界面功能与玩家水平的需求关系。从纵轴来看，设计师将玩家"提升装备实力"的目标对应到"强化宝石""装备强化""装备升阶"和"属性替换"的机制上，之后再基于这些机制的设计特点将它们转化为不同的界面和相应的功能。其中，图中显示装备强化和装备升阶的机制被整合在一个界面功能中，这是因为二者在机

制逻辑上是交替进行的。从横轴来看，本图将每日游戏时长作为衡量玩家游戏水平的核心因素，随着游戏时长的增加，玩家对装备强化/升阶的需求逐渐过渡到装备洗练，如果我们认为中等水平玩家的游戏时长集中在 1 ～ 2 小时，则可以确定装备强化和宝石镶嵌是主流群体的核心需求，而装备洗练的需求较低，因此前两个界面的设计优先级更高。

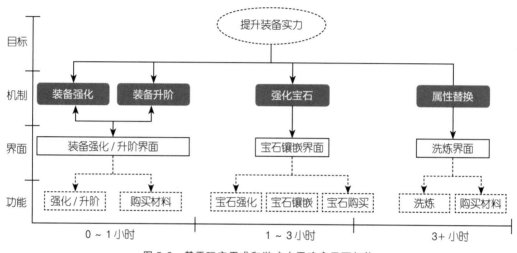

图 5-2　基于玩家需求和游戏水平确定界面架构

基于玩家水平确定界面架构后，设计师还需要确定单个界面的设计能否高效地满足主流玩家的体验目标。下面将以一个宝石镶嵌界面的优化过程为例，介绍如何对具体的界面进行易用性优化。假设我们正在优化一个宝石镶嵌的界面设计，其机制设计如下：

1）玩家可以将不同属性效果的宝石镶嵌到自己的装备上；

2）已经镶嵌的宝石可以摘除；

3）低级宝石可以合成为更高级的宝石；

4）宝石不可在玩家之间交易，只能通过商城购买；

5）高级宝石无法降级成低级宝石；

6）玩家身上的装备共有 6 件，这些装备只能通过强化不断提升属性，玩家无法更换。

原始设计如图 5-3 所示。可以看到，原始设计已经基本满足了游戏机制设计的需求，但若从图 5-2 中的主流玩家需求角度出发，我们很容易发现界面存在易用性问题。例如，宝石合成功能并不能帮助玩家快速完成宝石强化的目标。

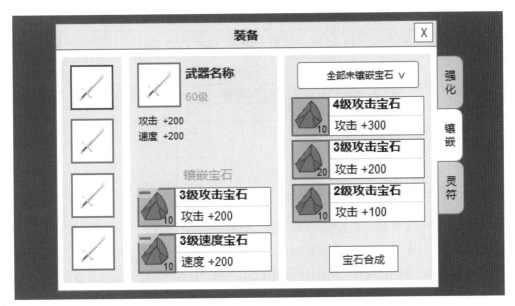

图 5-3　宝石镶嵌原始界面设计

| **关键点提示：** 在分析界面易用性时，如果界面功能针对 80% 的玩家进行了优化，就可以认为界面的易用性基本达标。

2. 界面功能是否为经常出现的使用场景做了优化

　　除了关注界面能否优先满足主流玩家的体验目标外，设计师还需要分析界面功能是否为主要的使用场景做了易用性方面的优化。为此，设计师要统计出界面的主要使用场景，再分析相关的易用性问题。具体步骤如下。

　　第一步，推导界面功能：设计师基于游戏机制推导出界面上应该展示的界面功能。

　　第二步，分析玩家目标：基于机制推导出的界面功能，分析它们能满足哪些玩家目标。

　　第三步，推导使用场景：基于玩家目标，推导出可能产生这些目标的玩家使用场景。

　　第四步，估算频率：设计师根据相关的规则设计、数值设计和玩家可能遇到的体验问题，估算这些使用场景的出现频率。

　　第五步，确定主要使用场景：根据不同使用场景的出现频率，确定主要的使用场景。

　　第六步，易用性优化：思考界面功能是否影响了主要使用场景的易用性。

　　下面以前面的宝石镶嵌界面为例，详细说明如何确定该界面的主要使用场景，如表 5-1 所示。

表 5-1　宝石镶嵌界面的使用场景

序号	功能	目标	场景	频率	注意事项
1	镶嵌	镶嵌适合的宝石	没有可镶嵌宝石	低	①镶嵌空位开放的时间间隔从2小时逐渐过渡到7天，每次开放1至3个空位 ②新手玩家不理解职业特点，且前期有大量低级宝石 ③游戏没有基于宝石种类的镶嵌策略 ④非付费玩家每日都可获得一定量的宝石
2			不知道应该镶嵌哪种宝石	中	
3			只有不适合的宝石可以镶嵌	低	
4			镶嵌适合的宝石	中	
5	摘除	摘掉不适合的宝石	镶嵌了不适合的宝石	低	
6	合成	提升宝石属性	合成未镶嵌宝石	低	
7			合成已镶嵌宝石	高	

　　表 5-1 按照从左至右的顺序展示了从界面功能到界面使用场景的推导过程。其中界面的出现频率是由"注意事项"列的内容所推导的。基于对该列内容的分析，我们认为"合成已镶嵌宝石"是经常出现的使用场景。接下来，我们需要思考该场景下的界面是否存在易用性问题。

　　基于玩家目标，不难看出在该使用场景中，宝石列表（界面右侧）的使用效率并不高，因为此时玩家没有镶嵌需求，所以可以考虑此功能仅在镶嵌宝石时显示。另外，宝石合成功能也无法高效地满足玩家"合成已镶嵌宝石"的目标，因此应该设计更高效的宝石强化功能。问题点如图 5-4 所示。

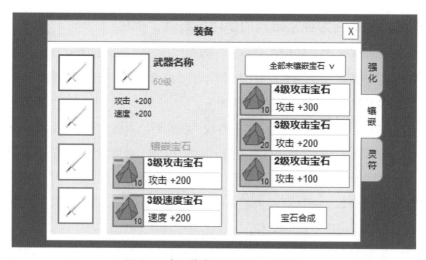

图 5-4　宝石镶嵌界面问题点示意图

　　当设计师确定了主要场景的初步优化方案后，还需要将不同场景与其对应的功能关联起来，从而确定界面功能的设计范围、影响关系以及它们之间的优先级关系，如表 5-2 所示。

表 5-2　场景与功能对应列表

序号	场景	频率	核心功能	次要功能	辅助功能
1	没有可镶嵌宝石	低	购买宝石	宝石推荐	装备列表
2	不知道应该镶嵌哪种宝石	中	未镶嵌宝石列表、推荐提示	购买宝石	装备列表
3	只有不适合的宝石可以镶嵌	低	未镶嵌宝石列表	购买宝石、推荐提示	装备列表
4	有适合的宝石	中	未镶嵌宝石列表	推荐提示	装备列表
5	镶嵌了不适合的宝石	低	已镶嵌宝石列表、宝石摘除		装备列表
6	合成未镶嵌的宝石	低	未镶嵌宝石列表、宝石强化	购买宝石	
7	合成已镶嵌的宝石	高	已镶嵌宝石列表、宝石强化	购买宝石	装备列表

　　基于表 5-2，设计师可以全面地掌握不同场景与界面功能的对应关系，从而了解功能调整对不同使用场景的易用性影响。其中，列表中的核心功能是满足玩家目标的必要功能，属于最值得优化的功能，次要功能则是提升使用便捷性的功能，可以选择性引入，优化效果次之。辅助功能是与玩家目标无直接关系的功能，其功能价值在不同界面中存在着很大的差异，因此需要根据具体情况来考虑优化方式。最后，设计师基于主要场景的界面状态，再结合各个场景的功能统计就可以确定出不影响其他场景体验的易用性优化方案。图 5-5 展示了"合成已镶嵌宝石"场景的界面优化方案。

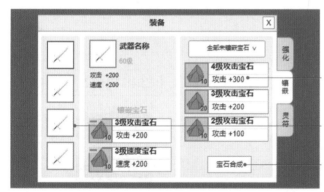

图 5-5　基于使用场景确定功能优化

　　从图 5-5 中可以看到，我们针对宝石合成功能和装备列表给出了优化建议，因为这两个功能对"合成已镶嵌"宝石的使用场景影响最大。此外，我们根据表 5-2 发现宝石列表是一个在各个场景中高频出现的核心功能，因此其设计需要保留，但是需要优化其易用性，使得该列表在没有可镶嵌宝石时，可以显示能够购买的宝石。这个设计优化不仅不会对现有的使用场景产生负面影响，还可以有效地提升"没有可镶嵌宝石"时的易用性，因为此时的玩家需求是快速得到可以镶嵌的宝石。

| **关键点提示**：分析界面功能是否易用时，需要优先关注这些功能在主要使用场景下的易用性。

除了基于使用场景优化界面易用性外，设计师还可以基于功能的操作简洁度来分析界面易用性。

3．功能的操作体验

由于玩家在通过操作功能与游戏互动的过程占据了大量的时间，因此操作体验对游戏体验的影响也很大。我们可以将操作体验分为**过程体验类操作**和**结果体验类操作**。

过程体验类操作主要是通过操作过程体验实现游戏体验目标的，例如通过手势打开机关或分步骤开启宝箱的操作方式。在分析这类操作的体验时更应该关注操作过程中的情感化体验。

结果体验类操作是通过操作结果实现体验目标的操作，例如强化装备的操作结果对玩家的吸引力要比强化过程大得多，在分析操作易用性时，我们主要关注结果体验操作，因为结果体验操作更加注重简化过程，而过程操作则更注重提升操作过程的情感化体验。设计师在分析结果体验类的操作时，需要关注如何简化操作步骤，提升操作便捷性以及增强结果的展示效果。

在分析结果体验类的操作时，应该重点关注高频使用场景中的核心操作体验。设计师可以基于目标导向设计的原则，从玩家需求出发寻找完成目标所需的最少操作步骤，然后思考如何提升各个步骤的操作便捷性和乐趣性。例如，分析宝石镶嵌界面的功能体验时（见图5-5），从表5-2看出"强化已镶嵌宝石"属于高频使用场景中的核心玩家目标，因此设计师应该重点关注相关功能的操作体验。在分析该操作体验时，可以先确定最简步骤，如图5-6所示。

从图5-6中可以发现强化已镶嵌宝石的步骤可以分为：选择装备、选择宝石、强化、购买宝石并强化。基于这个最简步骤可以对之前案例中

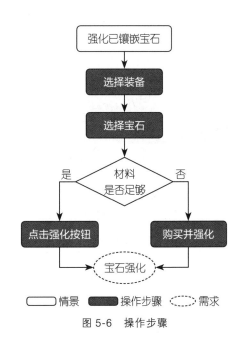

图5-6　操作步骤

的界面进行操作步骤分析，如图 5-7 所示。

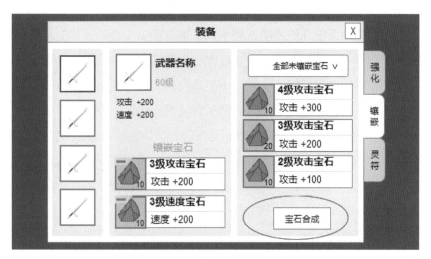

图 5-7　宝石合成功能的步骤过多

在这个界面中，玩家强化已镶嵌宝石的步骤分别是：选择装备、选择宝石、摘除现有宝石、嵌入新宝石，此外如果玩家需要合成宝石才能镶嵌，则还需要前往合成界面完成宝石合成的相关流程。然而在这些步骤中，只有选择装备和选择宝石的步骤是最简流程中必不可少的步骤，后面的宝石摘除、镶嵌以及合成流程都是冗余操作，因此宝石合成功能应该被宝石强化和购买宝石并强化的功能所取代。

除了关注操作的易用性之外，还需要关注功能布局的易用性。以移动端的宝石镶嵌界面为例，设计师需要考虑核心的按钮位置是否便于玩家点击以及按钮的尺寸是否易于点击。从界面设计图中可以看出该界面的宝石列表和宝石合成都放在了界面右侧，符合从左到右的阅读习惯，玩家不需要移动双手位置即可完成核心操作，此外按钮的点击面积也满足手指点击的需要。

| **关键点提示：** 在优化界面操作的过程中有时需要改变功能设计，此时设计师需要基于新的功能思考界面中的信息架构，以便玩家能够很好地使用这些功能。

4. 信息是否完整且无须记忆

信息是否完整且无须记忆是指玩家在使用功能时能够得到足够的信息参考，不需要额外记忆某些信息才能完成操作。人们在日常生活中需要记住大量的信息，无论是长期记忆还是短期记忆都增加了大脑的负担。同样，假如游戏需要玩家记忆很多信息，那么就会拉长玩家的思考时间，如果玩家的记忆存在偏差还可能导致错误行为的产生，例如在物品购买界面中如果不显示货币的持有量，玩家就难以知道自己的货币量是否适合购买某个物品，从而导致错误的购买行为。在大部分情况下减少玩家的信息记忆量对于提升游戏的易学性和易用性都有好处，但并不是所有信息都不应该让玩家记忆，比如有些能够创造游戏体验的信息记忆就是例外。例如在《炉石传说》等卡牌对战类游戏中，玩家需要记住大量的卡牌功能作为策略参考，记住的卡牌功能越多自己判断的准确性越高，因此玩家会将自己的记忆能力作为游戏水平的一部分。再如在一些解谜游戏中，玩家需要记住某些图案并在另一个地点将其复制出来。除了这种创造体验的记忆外，在以结果为导向的功能设计中应该尽量减少玩家的记忆量。

继续以宝石镶嵌界面为例，设计师在确定了功能修改方案后需要重新判断界面需要展示的信息。例如，将宝石合成功能改为宝石强化功能后就需要基于宝石强化的操作步骤分析玩家需要参照的信息，如图 5-8 所示。

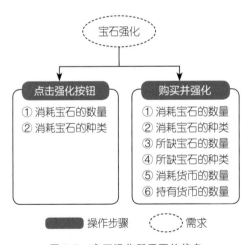

图 5-8　宝石强化所需要的信息

从图 5-8 中可以发现当玩家拥有足够的宝石材料时，只需要知道宝石的消耗种类及数量就可以判断是否需要进行强化。当材料不足时，则还需知道所缺的宝石类型和购买价格。基于这些信息需求，设计师需要与策划一起确定宝石的种类、合成价格等极限情况的信息，用于规划界面的信息架构。例如，假设宝石共分为 7 级，玩家可以用 3 颗相同的宝石合成一颗更高级的宝石，合成材料不足时全部使用 1 级宝石作为填充材料。基于这些设定，设计师就可以确定强化宝石时最多会显示出 6 种材料，宝石的最大消耗数量最多是 3 的 7 次方（2187）。

　　基于对功能架构、功能操作和信息需求的分析结果，设计师可以整合出新的界面方案，如图 5-9 所示。

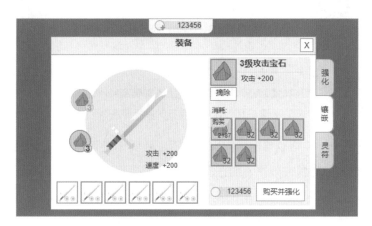

图 5-9　基于常用场景的宝石镶嵌界面优化方案

　　图 5-9 展示的方案通过优化界面的装备列表、宝石列表、合成功能和购买功能，提升了主要使用场景下的界面易用性。在该设计中，装备列表的优化基于对"6 件装备不可穿脱"游戏规则的思考，完全展示出了全部的装备。这种设计不仅减少了玩家切换装备的次数，还可以通过装备图标上的圆点颜色直观地看到装备整体的宝石镶嵌情况，方便玩家规划宝石镶嵌的策略。此外，装备列表和宝石的合成功能也得到了优化，基于这两个功能的优化，玩家可以快速购买强化宝石所需的宝石材料，使得"强化已镶嵌宝石"的场景操作效率大幅提升。所以通过以上的界面优化设计，界面的易用性在"强化已镶嵌宝石"的使用场中得到了大幅提升。

　　值得注意的是，只关注主要场景的易用性往往会造成界面在一些特殊情况下出现功能缺失或非常难用，因此设计师还要基于不同的使用场景思考该方案的适用性。

5. 边际情况下的易用性

　　界面边际情况的具体设计方法与前面介绍的主要使用场景下的易用性分析方法相同，但是当这些设计方案与常用场景的界面方案冲突时，应该优先考虑后者的易用性。图 5-10 展示了宝石未镶嵌状态下的界面方案。

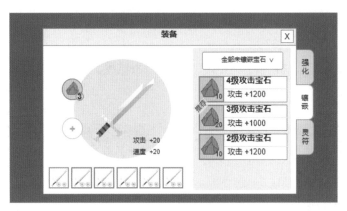

图 5-10 未镶嵌宝石时的界面状态

从图 5-10 的设计中可以看出，界面设计的主要变化是右侧的宝石列表。该列表的样式显示出了宝石名称和属性效果，而在图 5-9 中，"强化已镶嵌宝石"场景下的宝石列表则只显示了宝石图标。这种列表上的变化是考虑到当玩家镶嵌新宝石的时候，需要知道该宝石的作用。此外，除了宝石信息的显示发生变化外，该方案还在宝石图标上增加了推荐标签。这是因为设计师还考虑了存在"不知道应该镶嵌哪种宝石"的使用场景，通过增加推荐标签可以方便新手玩家快速选择正确的宝石。

最后，设计师还需要对照界面使用场景列表检查是否所有的使用场景都已经考虑到，例如前面表 5-1 所总结的场景。

从表 5-1 中可以看到新的界面方案不能很好地满足"强化未镶嵌宝石"场景的易用性需求，玩家需要将宝石镶嵌到装备上才能进行强化。这主要是考虑该场景的出现频率很低，基于优先照顾常见使用场景的易用性原则，设计师对方案进行了取舍。在取舍过程中，设计师需要基于游戏机制的相关规则，选择最具性价比的方案，例如本案例中由于宝石镶嵌和拆除不会消耗任何资源，因此在考虑"强化未镶嵌的宝石"的场景时，才能够采用先摘除再镶嵌的操作流程，因为这个操作流程不会给玩家造成资源上的损失（玩家也可以直接去单独的合成界面合成宝石）。

基于易用性分析方法对界面进行优化之后，还需要关注操作过程中的反馈是否清晰准确，以便玩家可以清楚地了解自己操作的状态。

6. 反馈是否及时准确

游戏中的反馈种类很多，表现形式也非常丰富，例如角色的动作、技能的特效、屏幕中的浮动文字提示等都属于游戏中的反馈。在界面易用性的分析过程中应该重点关注界面操作的反馈。

　　界面中的反馈主要可以分为结果反馈和过程反馈。结果反馈是操作结果的反馈,例如提示玩家宝石镶嵌成功。过程反馈则是指操作过程中的反馈,例如鼠标悬停在按钮上方时,按钮会发光。分析反馈的易用性时,**首先关注是否存在缺少反馈的情况,其次关注反馈的形式是否恰当**。

　　在游戏设计中,缺少反馈的情况大多出现在过程反馈中,这主要是因为过程反馈并不像结果反馈那样拥有一个明确的操作节点,能够提醒设计师在该处增加反馈。在过程反馈中很容易忽视的反馈形式就是结果预览反馈,例如玩家在攻击前能够预览攻击效果,制造前可以预览制造结果等。结果预览反馈对提升界面的易用性非常有帮助,因为这种反馈可以更好地帮助玩家判断操作是否符合预期,从而降低玩家的思考成本。设计师可以基于操作步骤流程图和玩家需求来确定结果预览反馈的出现时机和要表达的内容。下面基于宝石镶嵌的案例来介绍如何确定过程反馈中的结果预览反馈。

　　在宝石镶嵌界面的优化过程中确定了"强化已镶嵌宝石"是界面的常见场景,因此设计师应该重点关注该场景中的易用性反馈。由于强化宝石的价值体现在属性变化上,所以如果增加宝石强化后的属性预览反馈,应该可以更好地帮助玩家判断宝石强化的价值,如图 5-11 所示。

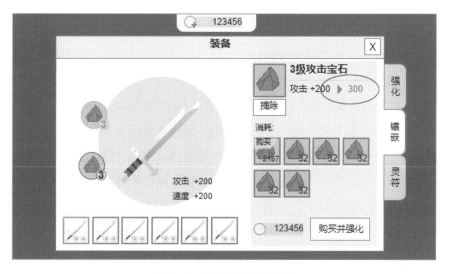

图 5-11　宝石强化效果预览

除了结果预览的过程反馈外，很多游戏还在操作过程中增加了步骤反馈，例如点击按钮时按钮会出现下压并发光的效果。这些细节上的过程反馈对游戏起着锦上添花的作用，让玩家体会到游戏的精致感从而提升游戏体验，这里不做过多介绍。

| **关键点提示：** 设计师可以基于以下 2 点保障反馈的完整性。

1）基于游戏规则分析游戏对象会出现哪些状态，并针对这些状态设计反馈；

2）基于玩家的行为状态和行为结果设计反馈。

以上两点中最重要的是对游戏对象的状态变化进行细分，基于对象差异和其所处的不同状态给予不同的反馈效果。例如，当玩家在游戏中使用火球术时，可能存在吟唱、释放、飞行、击中这 4 种状态，因此设计师应该注意这些状态中是否都有相应的反馈效果并考虑是否需要补充更细微的状态效果。

如果界面中的反馈不存在遗漏，那么就可以继续分析反馈的形式是否恰当。界面中常用的反馈形式主要包括界面的状态变化、弹窗提示以及动画效果。在实际设计中，设计师可从 3 个维度来判断反馈形式的合理性。

（1）玩家获得反馈信息所付出的成本

基于易用性的原则，界面设计应该尽量减少玩家的无效操作，因此减少玩家获取反馈信息的成本也是确保界面易用性的必要条件。减少反馈的获取成本主要体现在减少玩家的操作步骤，信息阅读量，误操作次数等方面。在减少操作步骤方面，设计师可以通过界面的状态切换将反馈直接呈现给玩家，而不是等到操作完成才能看到。在减少信息阅读量方面，设计师可以用更少的信息突出反馈的主要内容。在避免玩家误操作方面，设计师可以通过提前反馈，减少玩家因为错误操作所产生的负面反馈体验。

例如，在优化装备强化界面的反馈设计中，当玩家等级不满足装备强化要求时，界面中的强化按钮被等级不足提示所取代，而不是等到玩家点击强化按钮后再提示等级不足。在这个设计中，玩家不再需要点击强化按钮后才能获得等级不足的反馈，从而减少了获取反馈的操作步骤。此外，由于界面上的强化按钮信息被等级不足的提示所取代，而强化按钮一般处于一个比较容易被玩家注意到的位置，因此提示信息的位置也很容易被发现，这就提升了玩家的阅读效率。最后，由于玩家不再需要通过点击强化按钮得到提示，因此等级不足作为一种无法强化装备的负面反馈，不会让玩家产生错误的操作，从而产生负面体验。

（2）反馈对玩家的重要性是否被有效体现

由于不同的反馈所包含的信息价值不同，因此反馈表现形式也应体现出差异性。设计师可以根据反馈所属的功能、反馈中的信息价值、玩家实现成本以及反馈的频繁性来判断反馈对玩家是否重要，再根据反馈的重要程度来决定反馈的形式。下面以《炉石传说》的抽卡反馈为例，介绍如何分析反馈的重要性。

1）**判断反馈所属功能的重要性**：抽卡功能是玩家获得卡牌的主要手段，而卡牌是实现游戏体验目标的核心载体，因此该功能非常重要。

2）**思考反馈中的信息价值**：玩家抽卡时最关心的是获得了哪些品质的卡牌以及这些卡牌的功能，其中卡牌功能决定了玩家体验游戏的核心策略，因此其信息价值非常高。

3）**分析实现成本**：玩家在大部分情况下需要通过长时间的对战或者付费购买才能获得抽卡机会，因此反馈的获得成本相对于其他功能来说也非常高。

4）**确定该反馈出现的频繁程度**：大部分情况下，玩家抽卡次数不多，大量抽卡主要集中在数月一次的版本更新或游戏打折的时候，该情况下抽卡的次数从几次到上百次不等。

综上所述，抽卡反馈所代表的功能很重要，其反馈的信息很有价值，玩家抽卡的成本很高并且使用频率不低。结合这些因素，我们可以判定该反馈对玩家非常重要。因此反馈设计不仅需要起到提示作用，还要创造一定的情感化体验才能满足游戏体验目标，体现反馈的重要性。当然，在实际游戏中，设计师也是这样设计的。

除了关注单个反馈的重要性是否被有效传达外，设计师还需要通过统计不同反馈的重要性确定反馈效果的优先级是否符合游戏体验目标，如表 5-3 所示。

表 5-3　装备强化界面反馈重要性统计表

序号	反馈名称	功能重要性	信息重要性	获得成本	频率	重要性
1	装备被选中	3	2	1	1	7
2	点击强化按钮	3	1	1	2	7
3	装备强化成功	3	2	2	2	9
4	强化材料不足	3	3	1	1	8
5	玩家等级不满足强化要求	3	3	1	3	10

表 5-3 展示了装备强化过程中的反馈内容，并基于反馈重要性分析方法进行了评分。基于该表设计师可以更好地确定不同反馈的表现方式是否体现了它们之间的重要性关系。此外在设计中，设计师也可以基于该表分配设计资源，确定不同反馈的表现形式。

除了基于反馈的重要性关注其提示形式外，反馈的表现形式也很重要，因为它决定了反馈信息的准确性。

（3）表现形式是否适合信息传达

由于反馈的作用是提示玩家当前的操作状态，而反馈的表现形式决定了这类信息的传达效率，因此在分析反馈形式时应该先基于玩家需求确定反馈中需要重点表达的信息。例如，在宝石镶嵌案例中，玩家在强化宝石前就已知属性提升效果了，因此强化成功的反馈应该更突出成功时的成就感而不是属性的变化。反之，在有些游戏中由于具体的数据类信息是玩家策略的重要体现，因此必须要在反馈中清晰地表达出来。根据反馈中需要突出的信息，设计师可以确定哪些形式能够满足信息的展现需求以及采用什么样的特效能够更好地衬托出反馈的气氛。例如《炉石传说》中的伤害反馈重点突出了伤害数字，这是因为在这类卡牌对战类游戏中，卡牌之间的数值变化是影响玩家策略的关键因素。

无论采用哪种反馈形式都应该突出玩家的操作信息，只是这些信息需要展示的详细程度和表达方式会因玩家的需求不同而有所差异。比如，反馈中的特效表现更多的是衬托游戏气氛，除非它本身就可以表达反馈需要展示的信息。

7. 提示是否适时

在易用性分析的最后阶段还应该关注界面的提示效果是否合理。合理的提示机制可以在适当的时机告知玩家使用哪些功能以及如何使用，从而减少玩家的记忆成本和界面查询的操作次数。设计师可以通过 4 个方面分析提示的易用性：有效性、是否打断操作、尊重玩家选择、不影响策略体验。

（1）有效性

提示的有效性是指提示出现时可以准确告知玩家存在需要处理的事件，也是提示存在的基本价值。有效的提示不仅可以减少玩家误操作情况的发生，同时也能更快地帮助玩家熟悉游戏内容。判断提示的有效性时可以从**提示逻辑合理**和**提示内容有用**这两个方面来考虑。

　　提示逻辑合理是指提示可以及时地出现或消失，减少玩家产生错误的游戏行为。例如，装备可以强化的提示在强化材料不足时会及时消失，材料足够时会自动出现。在分析提示逻辑是否合理时，设计师可以结合场景统计表（参见表 5-1）中的玩家目标先确定哪些内容需要提示，再结合相关的机制设计确定这些提示的出现和消失逻辑。

　　提示内容有用也是有效性的重要参考标准，设计师需要根据玩家所处的场景判断提示的内容是否对玩家有用。例如在前面的宝石镶嵌案例中，玩家在镶嵌宝石的时候就需要知道镶嵌哪种宝石最适合自己，而在强化已镶嵌宝石的情境中玩家就没有这个需求。图 5-12 展示了玩家在镶嵌宝石时，界面中给予了推荐宝石的提示，以帮助玩家更快地了解自己需要的宝石种类，而在宝石强化状态下就不需要此推荐提示。

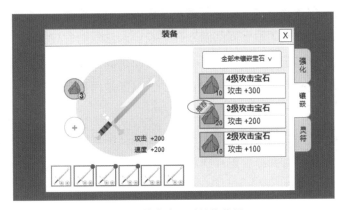

图 5-12　镶嵌宝石时的推荐提示

　　除了保障提示自身有用外，设计师还应该注意提示设计对既有的游戏体验会产生哪些影响，其中影响体验比较明显的当属打断玩家操作。

（2）是否打断操作

　　很多提示的出现方式都被设计成了模态提示窗等打断玩家操作的方式，而打断玩家操作的行为实际上就是在打断玩家的体验曲线，导致玩家的体验效果下降，因此设计师在分析提示的出现形式时应该关注哪些提示才值得打断玩家操作。设计师可以基于提示信息的重要性和紧急程度对提示进行分组，再基于分组结果进行判断，如图 5-13 所示。

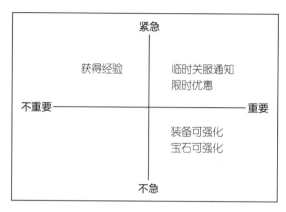

图 5-13 提示内容重要性和紧急程度汇总

基于图 5-13 的分组结果很容易发现那些重要且紧急的提示是需要在第一时间推送给玩家的，因此这些需要玩家紧急处理的提示才需要打断玩家操作。此外，提示打断玩家操作的时机也很重要，例如很多网络游戏在玩家登录游戏时会立即弹出限时优惠活动的提示，这时玩家还没有正式开始游戏因此不会打断玩家的体验曲线，还有一些游戏会在玩家产生某些需求的时候提示相应的优惠活动，从而使得提示出现时的体验过渡更加平缓，例如玩家战败后，提示首次充值送复活次数。

注意，还有一些提示虽然不会强制打断玩家的当前操作，但是出现后会遮挡其他操作区域导致玩家无法正常操作，这种提示属于变相打断玩家操作。非常典型的案例就是遮挡周围按钮的气泡提示。

除了出现的形式尽量不打断玩家当前的操作外，提示也需要尊重玩家的选择。

（3）尊重玩家的选择

提示作为游戏的辅助功能必须要尊重玩家的选择，如果玩家没有按照提示的要求进行游戏也不应该影响玩家的游戏进程。例如，有些游戏会在界面上提示最新的优惠活动，玩家浏览优惠活动后即使没有购买任何项目提示也会消失，但是另一些游戏则会永久提示这项优惠活动让玩家有种被强迫购买的感受，如图 5-14 所示。

尊重玩家选择

 点开页面看过优惠但未购买 →

不尊重玩家选择

 点开页面看过优惠但未购买 →

图 5-14 不同的优惠提示方式

需要注意的是，看过即消失的设计不能将消失状态做成永久状态，因为如果提示长期消失就有可能造成玩家永远忘掉这件事，导致玩家想参加优惠活动时找不到活动界面，因此设计师还需要为消失的提示设计一个找回机制。这种找回机制最好的出现时机就是在玩家出现相关需求的时候，例如玩家游戏货币不足时，给出充值优惠提示。如果找不到玩家需求的关键时刻，那么可以在提示的功能出现变化时再次提示，例如游戏中又开启了新的优惠活动需要玩家再来看看。最后，如果找不到任何再次激活提示的条件，则至少需要设定一个提示会被再次激活的时间段，例如每天提示一次的签到功能。

注意：判断提示是否需要尊重玩家选择的标准，即提示的内容是否需要玩家付出成本（资源、时间）。无论提示的内容能够带给玩家多高的收益，只要玩家对需要付出的成本非常关注就可能存在不按提示操作的行为，因此在这种情况下需要考虑尊重玩家的选择。

（4）不影响策略体验

从选择模型的部分我们知道，获得游戏体验的过程就是一系列的选择过程，因此游戏体验在大部分情况下是玩家通过投入相当的精力进行策略选择并获得相应反馈而感受到的，我们把通过策略选择获得的体验称为策略体验。为了保障玩家的策略体验效果，游戏中就不能使用带有明显倾向性的提示引导玩家的选择。一般在分析提示的选择体验影响前，设计师需要先确定可能影响的策略体验的相关提示，再分析相关策略性是否属于游戏中的重要体验，最后权衡提示的便捷性和策略性以决定是否使用该提示。下面继续以宝石镶嵌界面为例进行详细说明，宝石镶嵌界面的提示如图 5-15 所示。

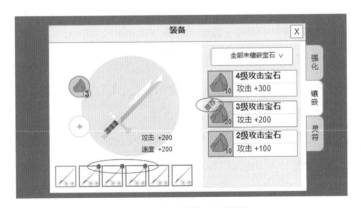

图 5-15　宝石镶嵌界面的提示

在宝石镶嵌界面中出现了两种提示，分别是镶嵌宝石时出现的推荐宝石提示（黄色提示）和装备图标上的红点提示。推荐宝石的提示用于告知玩家镶嵌哪种宝石更符合角色培养需求，而装备图标上的红点提示则用于提示玩家哪些装备可以强化或镶嵌宝石。根据前面介绍的提示判断方法，应先确定可能影响策略体验的提示。从两个提示的内容上可以看出，宝石镶嵌时玩家可以通过镶嵌不同类型的宝石获得不同的属性加成效果从而对战斗策略产生影响，因此存在策略性。装备图标上的红点提示则不存在太多的策略性，因为宝石可以免费摘除，玩家优先强化（镶嵌）哪件装备的宝石对策略性的影响很小。基于前面的分析，可以确定装备上的红点提示并不影响策略体验，但是镶嵌宝石时的推荐提示会涉及玩家宝石选择上的策略。基于游戏机制设计可以了解到，影响宝石镶嵌策略的主要因素包括职业属性设计和宝石属性设计，如果策划期望玩家基于职业特点持续追求固定类型的属性，则宝石镶嵌的策略性在游戏中体现得并不明显，反而是镶嵌时的便捷性更重要，因此提示应该保留，反之则要考虑去掉提示或采用其他的表现形式使得推荐的方式不具有太多的倾向性，比如将不同的策略性写在提示中，如图 5-16 所示。

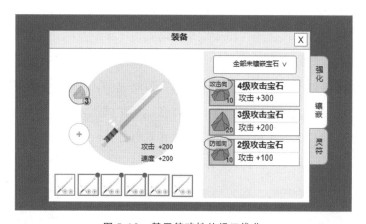

图 5-16　基于策略性的提示优化

图 5-16 中的提示形式在保留原有策略体验的同时减少了玩家选择低效策略的几率，从而实现了便捷性与策略性上的平衡。

界面易用性分析总结： 在分析界面易用性前，应该先关注界面的设计目的是什么，界面是否需要针对玩家进行易用性优化，在确定了界面需要为玩家优化易用性之后可以基于 7 个步骤找出易用性的潜在优化空间（参见 5.1 节开篇部分的内容）。

界面易用性的优化提高了玩家体验效率，但是玩家能否认识到界面所要表达的体验价值也对游戏能否实现产品目标起着至关重要的作用，而这部分的体验分析则属于易学性的设计思维范畴。

| 思考与实践 |

1. 优化易用性的目的是什么？
2. 是否所有的游戏内容都需要优化易用性？
3. 可以从哪 7 个步骤思考优化界面的易用性？
4. 假设我们需要为游戏设计一个邮箱功能，该功能用于发放系统公告、运营活动信息以及让玩家领取奖励，请问是否需要增加一键领取全部奖励和一键删除全部邮件的功能，请说明原因。
5. 请基于玩家类型和使用场景分析，在卡牌游戏中抽单卡和十连抽卡在信息排布、动效时长和连续抽取上应该如何设计才能提升易用性？

5.2　易学性与价值传递

　　在通常的理解中，界面的易学性是指用户可以迅速掌握界面使用的方法。这主要是因为在大部分软件中，用户在刚接触软件时就拥有明确的使用目标，所以界面只要清晰地将达成目标的方法展现给用户即可，但是游戏玩家在刚接触游戏时是没有明确的使用目标的，因此游戏中的易学性不仅要明确功能的使用方法，更要清晰地传递游戏内容的体验价值，从而让玩家产生游戏目标和游戏动力。

| 关键点提示： 游戏界面的易学性最关注的是能否有效传递体验价值。

　　不同游戏界面在易学性方面的表现参差不齐，有些可以让玩家瞬间感受到体验乐趣并轻松上手，有些则恰恰相反。出现这种情况的根本原因在于玩家的"心理模型"与游戏的"实现模型"存在较大差异。其中"心理模型"是指人们心中对一件事物的理解，这种认知模型的建立基于人们的经验、知识和学习能力。例如普通人在开车时，会认为发动机的动力是通过某种连杆结构传导到车轮上的，但是实际的动力传输过程中会有离合器、差速器等各种不同的机械结构参与到动力传输的过程中。在这个例子中，人们对汽车工作原理的思考就是汽车在他们心中的"心理模型"，而汽车动力传输到车轮上的机械原理就是其"实现模型"。

　　由于"心理模型"和"实现模型"会存在偏差，而用户总是依据"心理模型"做出相应的行为，因此就会出现因认知偏差而导致的误操作。提升易学性的基本原理就是要降低"心理模型"和"实现模型"的差异，帮助玩家建立正确的认知，引导其产生有效的游戏行为。

| 关键点提示： 设计师通过让玩家的"心理模型"与游戏的"实现模型"保持一致来保障游戏的易学性。

　　由于玩家建立"心理模型"的主要依据是界面中的信息表现，因此分析易学性时，应该重点关注信息的层次是否清晰，表意是否准确以及内容是否需要玩家记忆。下面将从信息层次清晰性、信息表意准确性和模式化设计 3 个方面来介绍如何分析游戏界面的易用性。

5.2.1　信息层次清晰

　　清晰的信息层次可以提升玩家的认知效率。由于人类在单位时间内能够接收的信息量是有限的，因此当信息量较大时，只有按顺序将信息推送给玩家才能帮助其快速理解界面内容。设计师可以通过调整界面排版、改变信息尺寸、更换视觉传达形式、设计颜色梯度等多种视觉手段让界面中的信息产生层次感，从而正确引导玩家的阅读顺序和理解方式。值得注意的是，在众多的设计方法中，能够使信息层次清晰的最佳方法是去掉多余的信息，即所谓的"少即是多"。在这里，多余信息是指不能传递内容体验价值和操作方式的信息。下面以装备强化界面为例介绍如何分析界面信息层次的清晰性。

　　假设我们需要设计一个装备强化界面，该界面可以强化多名游戏角色身上的不同装备。玩家可以通过消耗资源（货币、时间）强化选中的装备，强化成功后该装备的某项属性数值会增加。基于以上逻辑可以确定界面需要传递的价值是"增加选中装备的属性"，因此信息的重要性可以按表 5-4 进行划分。

表 5-4　强化界面信息排序

重要性	类型	信息
1		选中的装备
2	建立价值的必要信息	属性提升
3		强化操作

（续）

重要性	类型	信息
4		资源消耗
5	扩大价值的信息	装备辨识信息
6		角色辨识信息
7		选中的角色
8	辅助信息	装备实力
9		角色实力
10		强化规则

在表 5-4 中"建立价值的必要信息"是能够传递体验价值的必要信息，如果玩家无法理解这些信息则意味着装备强化机制的体验价值无法被玩家认知，因此这些信息是界面权重最高的信息。"扩大价值的信息"是进一步解释体验价值的信息，帮助玩家更准确地理解获得体验的条件和限制价值，"辅助信息"主要是帮助玩家进行决策的信息，这些信息会作为玩家选择的参考依据但并不体现内容的体验价值。在分析具体界面时可以优先考虑删减不属于列表范围内的信息，并且根据信息的重要性排序决定信息的详细程度，例如在表 5-4 中的"角色实力"既可以通过战斗力、角色星级、角色等级、角色属性等多方面的信息全面地展示给玩家，也可以只通过角色战斗力一项信息表达。

基于表 5-4 可以确定强化界面中需要显示的信息及其权重，下面通过对比两个界面方案的空间排版、信息复杂度、状态和明度分布来介绍分析界面信息层次的方法，如图 5-17、图 5-18 所示。

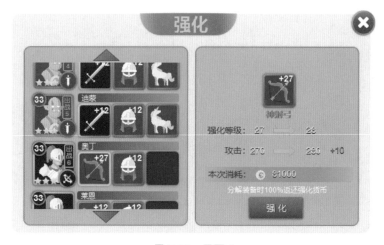

图 5-17　界面 A

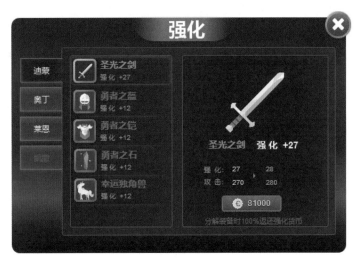

图 5-18　界面 B

　　从两个界面的信息区域分布上看，都采用了左侧为选择区域，右侧为操作区域的设计。这是考虑用户从左至右的阅读顺序与先选择再强化的操作顺序比较吻合。但是不同之处在于界面 A 中不同信息所占的面积更为接近，而在界面 B 中重要性越高的信息，所占面积越大，因此界面 B 的空间排版设计能够更好体现出界面的信息层次感。根据表 5-4 的信息重要性标出这两个界面的信息重要性分布，如图 5-19 和图 5-20 所示。

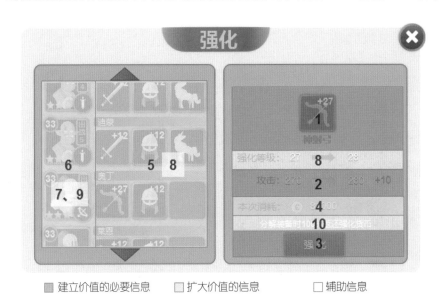

■ 建立价值的必要信息　　■ 扩大价值的信息　　□ 辅助信息

图 5-19　界面 A 信息分布

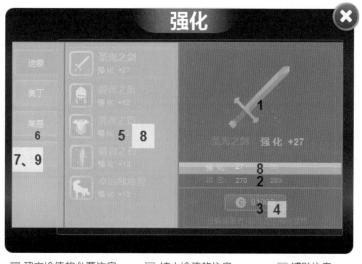

■ 建立价值的必要信息　　　□ 扩大价值的信息　　　□ 辅助信息

图 5-20　界面 B 信息分布

从两个界面右侧的信息分布来看，界面 A 的信息面积分布更为平均，并且不同权重的信息交错排布在一起，导致玩家不能快速关注到核心信息。与界面 A 不同的是，界面 B 将右侧大量的空间分配给了"建立价值的必要信息"上，且将重要程度相近的信息集中放在一起并减少了次要信息的出现频率，因此玩家更容易将视觉焦点集中在界面右侧的装备图标上，并通过从上至下的阅读顺序高效地认识到功能价值。

两个界面左侧的选择部分同样存在信息层次上的设计差异，可以发现界面 B 中的信息面积差异更大，并且界面 B 还通过逐步开放角色列表的方式弱化了次要角色的信息。而界面 A 的选择列表虽然提高了查看角色装备信息的效率（无须选择角色），但美中不足的是角色列表和装备列表所占面积非常接近，因此不同权重的信息层缺乏视觉层次，降低了视觉查询效率。

│ 关键点提示： 为重要信息分配更大的界面空间可以使其处于更高的信息层级。

除了关注信息之间的面积比例是否能够形成正确的视觉层次外，设计师还需要关注不同信息的复杂度（详细程度）是否与强化界面的信息排序相匹配。在两个装备强化界面中，可以看出界面 A 的"角色实力"显示了等级、品质（边框）、星级、职业以及出战状态，而在界面 B 中只显示了角色品质（名称的字色）。从信息排序列表中可以发现"角色实力"属于辅助信息内容，因此基于功能价值传递的设计思路，界面 A 的"角色实力"信息复杂度明显过高，信息量甚至于超过了装备辨识信息，因此应该从玩家需求的角度出发，考虑如何删减信息，如表 5-5 所示。

表 5-5　玩家需求与游戏信息的对应关系

重要性	强化时的信息需求	具体信息
1	整体实力	战斗力、等级
2	培养等级	升阶、升星、职业
3	详细信息	属性、技能、天赋、装备、宝石

表 5-5 展示了玩家强化时的信息需求与相关信息的对应关系。由于在强化界面中代表"角色整体实力"的信息是最重要的，因此可以优先考虑删除最后两类信息需求中的具体信息。随后，设计师还可以对保留下来的信息进行简化，如排除功能重复的信息。例如在界面 A 中，角色名称与角色头像都属于"角色辨识信息"且前者的辨识度要高于后者，因此可以考虑去掉头像信息。不仅如此，战斗力、等级也在一定程度上存在着重复性，因此可以考虑只显示其中一种。总之，设计师可以基于玩家的需求特点和信息的功能重复程度来删减冗余信息，从而降低信息的复杂度，突出重要性更高的信息。

| 关键点提示：设计师应该根据信息的重要性判断其复杂程度是否合理，从而确保信息层次清晰。

除了分析界面的整体布局和信息的复杂度能否正确引导玩家认知外，设计师还应关注界面在不同状态下的信息层次是否需要改变，例如当图 5-17 的强化界面处于货币不足的状态时，就需要提升"货币持有量"的信息重要性，以便提示玩家货币不足导致无法强化。在分析不同状态下的界面信息层次时，应基于游戏机制统计出界面的不同使用场景，再找出相应场景下的信息重点。表 5-6 列出了强化界面的全部使用场景以及主要的信息权重变化。

表 5-6　强化界面状态汇总

重要性	使用场景	信息重点
1	可以强化	装备强化
2	货币不足	货币数量不满足强化要求
3	角色等级不足	角色等级不满足强化要求
4	强化满级	满级状态

表 5-7 列出了装备强化界面中，货币不足状态的信息重要性变化，其中"货币消耗""装备辨识信息"和"强化操作"的信息重要程度发生了变化。设计师可以基于新的重要性排序来分析此场景下的信息层级是否合理并找出适当的调整方法。

表 5-7　货币不足时强化界面信息的重要性排序

序号	类型	信息
1	建立价值的必要信息	选中的装备
2		属性提升
3		货币消耗
4	扩大价值的信息	装备辨识信息
5		强化操作
6		角色辨识信息
7	辅助信息	选中的角色
8		装备实力
9		角色实力
10		强化规则

| 关键点提示： 设计师在优化界面的信息层级时，要优先保障主要使用场景的易学性。

在界面设计中还可以通过颜色和亮度对比划分界面信息层级，通过引导玩家的观察顺序，实现信息分层，如图 5-21 所示。在大部分视觉设计中，设计师经常采用亮度对比划分信息层级，这主要是因为人类对亮度差异非常敏感。

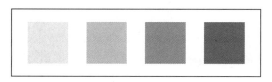

图 5-21　利用信息与背景的对比度构建视觉层次

除了亮度对比外，颜色对比同样可以起到划分信息层次的作用，但是由于人眼对于颜色变化的敏感度不高，因此设计师需要使用对比明显的颜色才能有效区分信息层级。

需要注意的是，当画面中同时存在 3 种以上对比色时很容易造成视觉疲劳，因此颜色对比在划分信息层次时只能在小范围内使用。在颜色对比中主要有红绿对比和黄蓝对比，由于大部分色盲人群属于红绿色盲，因此在设计时需要注意这部分用户的体验。

下面通过分析界面 A 和界面 B 的设计案例来介绍亮度和颜色在划分信息层次方面的

应用，图 5-22 和图 5-23 展示了界面 A 和界面 B 的亮度对比。

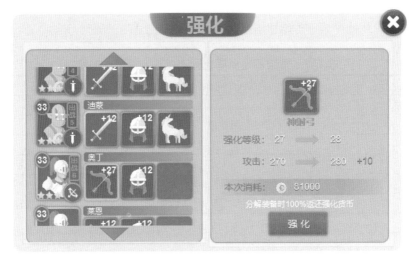

图 5-22　界面 A 的亮度分布

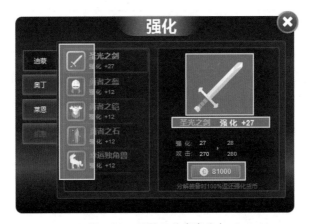

图 5-23　界面 B 的亮度分布

其中界面 A 的整体亮度趋于一致，而界面 B 在装备列表和装备图标等重要信息区域的亮度明显高于其他区域，因此界面 B 的设计通过更强的亮度对比更容易将玩家的注意力引导到关键信息上。

| 关键点提示：通过增加不同信息区域之间的亮度对比，可以有效地引导玩家注意力。

除了在视觉区域上使用视觉对比外，界面 B 在字色设计上也使用了类似设计，如

图 5-24 所示。

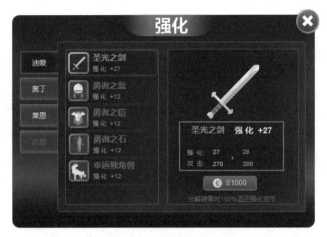

图 5-24　通过字色划分信息层级

从图 5-24 中可以看到，界面 B 右侧的装备名称和强化效果信息使用了对比度最高的
颜色，而强化类型的描述，则使用了对比度略低的颜色。设计师通过字色与背景色的对
比差异，在一定程度上引导了玩家的阅读顺序。

最后，在使用颜色设计视觉层级时，设计师还需要注意颜色是否具有特定的情感意
义，否则可能会导致玩家产生与设计意图相抵触的行为。例如，在图 5-25 中的红色强化
按钮设计。由于红色是一种强烈的警示色，因此可能导致一些对颜色敏感的玩家不敢轻
易点击该按钮。

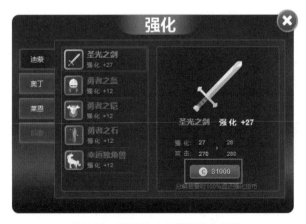

图 5-25　界面 B 中的按钮用色不当

设计师除了可以利用颜色、亮度对比的方法进行界面的视觉层级划分外，还可以通过模糊效果和动画效果来完成类似的设计，类似如图 5-26 所示的设计。

图 5-26 利用场景模糊效果突出武器特性

例如，在 FPS 游戏中玩家获得新武器时可以通过一组特写镜头展示该武器特性，在此过程中武器会被拿到屏幕中间并播放能够显示其特性的动画，同时游戏场景变得模糊从而突出武器的视觉效果，这种伴随场景变化的动画过渡就属于场景化的信息分层方式，在很多游戏中场景化的信息分层方式可以使得游戏体验更加连贯。

值得注意的是，虽然采用清晰的信息分层可以保障玩家按照既定的阅读顺序掌握信息内容，但是具体内容的表达是否清晰，还需要基于每个信息进行具体的分析，因此设计师还要知道哪些因素会影响界面中的信息准确性。

5.2.2 信息表意准确

信息表意准确是指呈现给玩家的信息可以被准确理解，但是每个人的经历、理解方式各不相同，因此不同的玩家对同一个信息也会存在理解差异，而这些理解差异可能会误导玩家行为，严重影响游戏体验。所以为了确保玩家可以准确理解游戏中的信息从而获得预期的游戏体验，设计师需要关注信息表意的准确性。

信息引起歧义的原因有很多，大致可以归纳为：违反用户认知经验、视觉符号混用、视觉传达形式选用不当以及位置排布引起的歧义。下面将通过一些案例详细介绍各类问题的表现形式。

1. 违反用户认知经验

玩家对信息的理解主要是基于过往的经历和知识，因此在设计视觉信息时不应采用违背玩家认知经验的设计。例如图 5-27 Tips 右侧的按钮看上去更像是切换标签页。

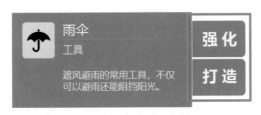

图 5-27　Tips 中的按钮表现错误

由于图 5-27 中的按钮外观与玩家认知经验中的切换标签非常相似，因此很容易让玩家产生错误的操作预期。玩家会认为点击按钮后的反馈效果是 Tips 内容切换，但实际使用时却发现打开了新的界面。

除了视觉效果与交互形式上和用户习惯不符外，有时候视觉符号的外观与用色本身也会存在冲突。有些游戏为了追求视觉上的美观，可能会使用一些对人有暗示性的颜色，但是这些颜色的暗示作用与其形状要表达的意思相抵触，这种情况在美术设计中经常出现，这也是用户体验设计师需要关注的部分，如图 5-28 所示的示例。

图 5-28　颜色与图形表意相反造成认知错误

此外，违反用户认知的情况同样出现在游戏场景中，例如玩家在游戏中看不到的"空气墙"导致玩家选择错误的路线。为了解决这个问题，很多游戏都会利用悬崖、峭壁、岩浆等明显无法通过的地貌来"暗示"玩家可探索的场景边界，这种设计可更好地基于玩家经验认知让玩家的"心理模型"与可移动区域的"实现模型"趋于一致，从而降低了玩家的理解成本。

违反用户认知经验的设计经常会给玩家带来不适感，特别是在出现频率较高的设计中，如果出现了此类问题很容易让玩家产生"被强制矫正"的负面感受，很多情况下这种负面感受都会让玩家感觉不被尊重。

| 关键点提示： 设计与玩家认知经验相符的视觉信息可以提升信息的传达效率。

2. 视觉符号混用

视觉符号混用可以分为两种情况：第一种是指用不同的视觉符号表示相同的信息；第二种是用相同或近似的视觉符号表达不同的信息，这种设计的问题在于玩家很难基于这些视觉符号形成认知经验，导致每次看到这些符号后都不能准确地理解其中的含义。

使用不同的视觉符号表示相同信息的情况多出现游戏的文本配置中，例如很多游戏中的"等级"和"Lv."都用于表达等级的概念，但是由于这两个表达方式在大部分游戏中都有出现，因此不会造成玩家的认知障碍，但是如果用"仙攻"和"法攻"同时表示某种攻击类型的话，就很可能被玩家当成两种不同的信息，这主要是因为玩家无法基于认知经验辨别这两个信息的真实意思。除了文字信息不统一的情况外，还存在图标与文本混用的情况，例如游戏中的货币在部分界面中显示为图标，而在其他界面中又会以文字的形式出现，从而导致玩家很难知道图标与文字的对应关系。

| 关键点提示： 信息的展现形式和展现内容应保持统一，减少玩家的歧义。

使用相同或类似符号表现不同信息的情况也经常出现在游戏中，这种设计同样会降低玩家的认知效率，增加误操作的风险。图 5-29 中展示了图标设计的案例，从图标的外观上很难区分旅行日记和法术。

除了使用相似的图标导致玩家难以区分功能外，使用相似的文字描述也存在着类似的问题。你可以试着从图 5-30 中快速找出"充满光泽的达摩克利斯之剑受到诅咒强化 5 型"。

光泽靓丽的达摩克里斯之剑受到祝福强化 3 型
充满光泽的达摩克里斯之剑受到诅咒强化 3 型
光泽靓丽的达摩克里斯之剑受到祝福强化 4 型
充满光泽的达摩克里斯之剑受到诅咒强化 5 型
充满光泽的奥斯汀神射之弓受到诅咒强化 5 型

图 5-29　相似图标　　　　　　　　图 5-30　相似的装备名称导致难以辨认

　　你用了多久找到它呢？我相信很可能要比你的预期久一些。这是因为在图 5-30 的设计中装备名称中存在非常多的相似名词，这导致玩家很难快速辨识装备。不仅如此，这些并不直观的名词很难理解，因此玩家必须强迫自己记住其代表的意思，从而违背了易用性中的"无须记忆"原则，降低了玩家对装备价值的认知效率。类似的设计问题曾出现在《辐射 4》的设计中。该游戏中的大量装备都使用了冗长的名称描述，这导致玩家很难快速分清近似装备的价值差异。因此每当玩家捡到一件装备时都需要打开详情界面查看其具体属性后才能判断此装备是否值得保留，这给玩家带来了很大的操作负担，影响了游戏体验。解决文字信息区分度低的问题时，可以通过使用不同的品质色、字号甚至字体来实现，如图 5-31 所示。

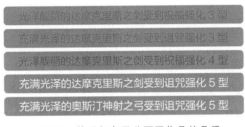

图 5-31　使用颜色区分不同物品的品质

　　在图 5-31 的案例中可以看到，当我们再次寻找"充满光泽的达摩克利斯之剑受到诅咒强化 5 型"时，如果已经知道该装备是金色品质，便可以更快地从金色区域找出对应的装备。不仅如此，当文字描述信息过长时，我们可以通过增加交互性提示来帮助玩家提升物品信息的辨识度。例如，在 FPS/RPG 游戏《无主之地》的设计中，玩家在拾取敌人掉落的物品时，物品不仅会展示出模型，还会放出不同品质色的提示光，从而帮助玩家快速筛选掉不具备价值的物品。此外，当玩家想要进一步查看某个掉落物品时，只需将准星瞄准到目标物品上就能看到相应的说明。这些设计的组合应用使玩家能够更快判断掉落物是否具有拾取价值。

| 关键点提示： 尽量增加不同信息间的视觉差异，信息差别越大，视觉差异越明显。

　　从前面的案例中可以看出，视觉符号的混用会严重影响玩家的认知效率甚至误导玩家的行为，因此在视觉设计过程中要特别关注视觉符号的差异性和唯一性。差异性指的是表达不同信息的视觉符号拥有明显的辨识度，唯一性指的是表达同样信息的视觉符号要唯一，不要出现多种样式以免造成认知错误。

3．视觉传达形式选用不当

　　游戏中的视觉传达形式以动画、图片和文字为主。动画适合表现线性的流程类信息，但是会占用玩家更长的时间，多个动画在一起播放时很容易分散玩家注意力。图片能够同时传递大量的信息，且不会占用大量的篇幅，但很难描述抽象的信息。文字可以精确地描述逻辑关系、行为等抽象信息，但是信息传递量较低。由于每种表达方式都有其优势和不足，因此设计视觉信息时应结合信息重点选择合适的表现形式。在游戏中，设计师也会组合使用不同的视觉传达形式用于表达同一个信息。例如，功能按钮使用图片结合文字的形式可以在保障游戏气氛的同时准确表达功能作用，如图 5-32 所示。

图 5-32　图片与文字相结合的按钮

　　该设计是一种兼顾美观与信息准确性的常用做法，但是考虑使用重复的信息会提升信息的复杂程度，导致玩家处理视觉信息的时间增加，因此设计师有时需要减少图文混用的设计，从而提升玩家的视觉浏览效率。例如，界面中的邮件、设置等辅助按钮只使用了图片形式。

　　此外，也有些游戏利用场景中已有的元素结合适当的辅助信息来传递游戏信息。这种表现形式可以充分发挥出图像信息的气氛渲染优势，但如果处理不好图片与文字之间的信息层级关系就会增加界面上的信息冗余感，如图 5-33 所示。

图 5-33　场景图像与文字说明相结合的按钮形式

　　图 5-33 的设计使得画面看上去更加简洁且能够准确表达意思。这是因为界面中用图片表示武器和用文字表示功能的信息表现形式，与玩家在现实生活中的认知经验非常接

近，所以其辨识效率和视觉感受都很好。

由于游戏信息的表现形式非常多样，因此设计师需要确定用哪种表现形式是适合的。又由于玩家是基于过往经验进行认知的，因此在选择信息表现形式时使用最接近玩家认知经验的形式即可。例如，游戏中的武器会使用图像展示武器外观，而使用文字来表达武器的属性。

| **关键点提示：**符合玩家认知经验的信息表现形式更容易被玩家快速理解。

选择信息的表现形式时，首先要确定需要传递的信息有哪些，这些信息是否只是现实中某些信息的一部分。如果是，则需要考虑现实中的表现形式是否能够有效突出这些信息。如果不是，则需要考虑更换表现形式后是否可以解决问题。图 5-34 列出了常用的信息类型以及适合的视觉表现形式。

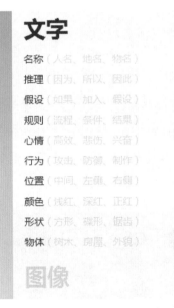

图 5-34　信息内容与视觉表现形式的适配关系

图 5-34 中，越接近中间位置的信息（如行为、心情），越需要注意视觉表现形式是否匹配，因为适合表现这些信息的形式并不固定，因此设计时需要基于游戏的整体风格、用户认知习惯以及设计目的选择更适合的形式。下面以游戏中的属性（规则类）表现形式为例说明游戏中选择信息表现形式时的思路，如图 5-35 所示。

图 5-35　用文字表示复杂的角色属性

图 5-35 用文字的形式展示了角色属性，这种设计大多出现在《暗黑破坏神》等拥有复杂属性的规则游戏中，而正确理解这些规则是获得最佳游戏体验的必要条件，因此采用文字形式能够帮助玩家更高效地理解属性规则。除了利用文字表示属性外，某些属性设计比较简单的游戏还可以使用图形信息表达属性，如图 5-36 所示。

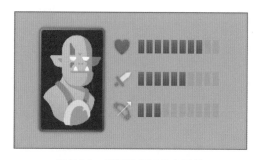

图 5-36　用图形表示角色属性

例如，在塔防游戏《皇家守卫军》中，游戏的核心任务是玩家通过在适当的位置建造不同的防御塔抵御敌人进攻。这款游戏的属性设计比《暗黑 3》简单很多，且玩家不需要深入理解属性机制也能很好地体验游戏，因此设计师采用了图标的表现形式让信息效果看上去更有趣，也更符合游戏的整体风格。

　　这两款游戏在属性上的视觉表现都是基于游戏机制与游戏体验目标设计出来的。在《暗黑 3》中玩家获得游戏乐趣的前提是对复杂属性规则的理解，因此设计师需要关注属性信息传达的准确性，而在《皇家守卫军》中属性规则非常简单，并且不是玩家获得最佳游戏体验的重要影响因素，所以设计师采用了图标的形式增加游戏气氛。

｜关键点提示： 在选择信息表现形式时需要关注哪种表现形式能够更好地实现游戏体验目标。

4. 信息排布引起的歧义

　　信息之间的位置关系也会影响玩家的认知效率和准确性。合理的信息排布方式可以通过更少的信息呈现出设计师想要表达的效果，而不合理的排布关系则可能引起玩家的歧义。例如，图 5-37 展示了目标不同部位的血量和命中率的界面设计，其中使用血条表示血量，使用数字表示命中率。

图 5-37　信息排布引起歧义

　　在该设计中，当玩家实际体验游戏时，很容易将数字当作血量数值。出现这种情况的根本原因在于设计师将数字与血量放在一起时，玩家会本能地认为这两种信息之间存在共性，而血条与血量数字无疑是最具共性的信息。

　　从这个案例中可以知道信息之间的位置关系会影响玩家对信息的认知。 为了避免因为信息位置不当造成的认知歧义，设计师应该关注信息间的位置关系是否与信息所要表达的内容一致。在关注位置关系时，我们主要关注信息的**相邻关系**和**包含关系**。下面将详细介绍这两种位置关系在设计上的应用。

（1）相邻关系

相邻关系是指信息之间相互邻近但互不接触的位置关系。在相邻关系中，设计师应主要关注信息的间距和对齐关系，因为这两种关系对信息的逻辑关系会产生明显的暗示作用。其中信息的间距常用于对不同种类的信息进行分组，而信息的对齐关系则常用于表示信息间的从属关系。

1）**利用间距关系进行信息分组。**

在相邻关系中，设计师通过不同的信息间距来表达信息之间的共性与差异。这里的共性是指信息之间存在某种共通的属性，使它们可以根据设计需要归为一组。例如，大米、白面、小米、糙米都具有粮食的共性，而大米和白面还具有细粮的共性，因此在基于粮食分组时，这4种粮食信息都是共性信息，而基于细粮分组时，只有大米和白面属于共性信息。在设计时，具体基于哪种共性分组，取决于设计需求。

由于我们在观看信息时，会本能地认为间距越小的信息存在的共性越强，因此在实际设计中，设计师会通过缩小共性信息之间的间距，以及增加非共性信息之间的间距，来影响我们对信息的认识方式。下面将通过背包界面的设计来说明如何基于信息间距设计进行信息分组，如图 5-38 所示。

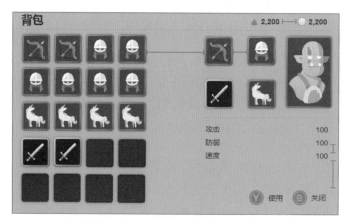

图 5-38　背包界面的信息间距示例

在图 5-38 的界面中，我们可以清晰地理解界面左侧呈矩阵式排布的图标是背包中的

物品，而界面右侧图标则表达了玩家正在使用的装备。此外，在装备区域下面方，我们
也能清晰地区分属性和按钮操作提示的信息。该界面设计之所以能够让我们建立起这些
认知，是因为设计师通过间距设计进行了信息分组。在该设计中，背包区域与装备区域
的间距要明显大于装备区域的物品间距，从而让玩家更容易理解背包左侧的物品都具有
"背包中物品"的共性，而右侧的物品则具有"装备中的物品"的共性。界面右下角的属
性与操作信息的间距设计也采用了同样的设计方法，使我们能够清楚地认识到这两种信
息的内容差异。此外，界面右上角的货币信息虽然使用了图标与文字的组合展示形式，
但是仍然可以通过设置不同的间距让玩家清晰地看出不同货币图标与相应数字的对应
关系。

| 关键点提示：设计师可以通过缩小共性信息之间的间距或增加非共性信息的间距，让玩
家清晰地理解信息之间的共性关系。

在应用间距设计时，设计师还可以将具有共性的两种信息放在一起，从而帮助玩家
理解那些不好理解的信息。图 5-39 展示了常见的物品信息设计。

图 5-39　物品描述 Tips 示例

在该设计中，如果只看物品图标，很难理解该物品的功能，但是由于物品的图标、
名称和用途描述这 3 种信息通过等间距的方式排布，从而玩家会本能地认为物品名称和
用途描述与物品图标所表达的内容存在一定的共性，即都是对某种物品的说明。因此通
过这种基于间距关系的信息关联，玩家可以很好地理解物品图标所代表的物品功能。

　　2）**利用对齐关系建立信息之间的从属关系。**

在相邻关系中，信息的对齐关系经常用于表示信息之间的从属关系。其中，从属关
系是指某些信息可以被当作一些信息的子集或子类而存在。例如，交通工具、汽车、飞
机、轮船这 4 个词中，后 3 个词都属于交通工具的子集。在实际设计中，设计师可以通
过对齐的缩进距离来表达信息之间的从属关系。例如下面的角色信息界面所展示的属性
对齐关系，如图 5-40 所示。

图 5-40　属性列表

图 5-40 中的属性信息通过不同的对齐方式构建了信息的从属关系，这种设计模式经常用在列表和大面积的文字叙述中。需要注意的是，在设计中应该尽量避免居中对齐的形式，因为游戏中很多信息的长度都会因为内容的动态变化而经常改变，而居中对齐的排版方式会导致界面信息之间的对齐关系不可控。当我们非常需要使用居中对齐的设计形式时，可以采用镜像对齐的方式加以替代。具体可参见图 5-41 的属性对齐方式。

图 5-41　镜像对齐排版

图 5-41 的属性类信息采用了数值右对齐，属性名称左对齐的镜像对齐方式，这种对齐方式以两种信息的中线为对齐基准线，从而使得数值长度的变化不会影响属性文字的对齐方式。

| 关键点提示：在关注信息的相邻关系时应该关注它们的间距是否符合信息分组需求，对齐方式是否与其从属关系一致。

（2）包含关系

包含关系是指一个视觉信息将其他的视觉信息完全或部分包含在自己图形范围内的

位置关系。如图 5-42 所示。

　　图 5-42 展示了五角星完全包含或部分包含在方块图形内的情况，它们分别对应了完全包含关系和部分包含关系。其中，完全包含关系是指被包含信息（五角星）完全处于包含它的信息（方块）之中。部分包含关系是指被包含的信息只有一部分处于包含它的信息之中。包含关系可以有效地表达需要多个信息组合出来的信息含义。例如，Windows 的文件删除确认弹窗内包含了被删除文件、确认按钮和删除按钮等多个信息，从而组合成了"文件删除确认"的含义，这个组合出来的含义是弹窗中任何一个信息都无法单独表达出来的。下面将分别介绍这两种包含关系在设计中的作用。

图 5-42　完全包含（左）和部分包含（右）

1）完全包含关系提升多个信息的一体性。

　　在设计中，完全包含关系是一种很常见的信息位置关系。完全包含关系不仅可以表达多个信息组合出来的含义，还可以让这些信息看上去更像一个整体。例如，确定按钮的设计不仅以按钮图形包含确认文本的方式组合出了"确认按钮"的信息含义，还让玩家将按钮看作一个信息整体，而不是文字和按钮两个单独的信息。

　　在设计过程中，我们可以利用包含关系有效地将两种信息所表达的含义联系在一起，如图 5-43 所示。

图 5-43　利用拟物图片展示属性数值

图 5-43 的设计中使用具有不同寓意的图标包含数字的形式展示了角色的攻击力、血量等属性信息。在包含关系中经常需要关注包含信息与被包含信息之间的信息重要性。在实际设计时，我们经常会习惯性地认为被包含信息的视觉重要性高于包含信息，例如图 5-43 中的属性数值信息要比包含它的衬底形状重要。然而在实际设计中决定信息重要性的关键在于不同信息对实现设计目标的影响，因此有时包含信息的重要性可能会高于被包含信息，例如图 5-44 中的按钮底色设计案例。

图 5-44　异色按钮设计

在图 5-44 中设计师将很多带有正向反馈的按钮底色设计成绿色，而将不建议玩家使用的按钮底色调整为蓝色。这种设计使玩家建立起一种惯性思维，即绿色按钮都是好选择。在实际游戏时，只要玩家形成这种惯性思维，就会更加偏爱点击绿色按钮，因此设计师通过改变按钮底色增加了玩家点击绿色按钮的频率。在这种基于底色影响玩家选择行为的设计中，按钮底色信息重要性有时会高于其所包含的功能信息，因为这样可以更有效地提升玩家点击绿色按钮的频率。

| 关键点提示： 在信息的包含关系中要突出哪部分信息取决于设计目的，设计师需要关注实现设计目标所需的信息是什么。

2）利用部分包含关系突出被包含的信息。

部分包含关系同样可以用于表达多个信息组合出来的含义，并且很容易突出被包含信息的重要性，即让玩家认为包含信息从属于被包含信息。部分包含关系的设计大多用在标题和按钮的设计中。图 5-45 界面中的物品图标使用了部分包含关系，其主要用途是突出装备图标下面被底框完全包含的属性、按钮等界面信息，都从属于该装备图标。

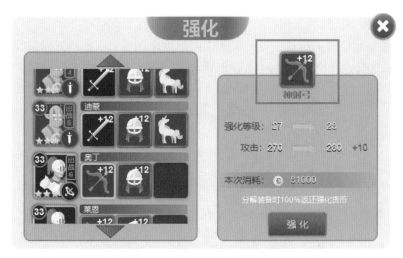

图 5-45 界面中的部分包含元素

虽然部分包含关系可以强化信息之间的从属关系，但部分包含关系与其他排版形式混用时很容易使得排版样式看上去过于复杂，因此设计师需要谨慎使用。

以上就是设计中常见的影响玩家认知效果的信息位置关系。在实际设计中，设计师需要时刻注意这些位置关系的细微变化对界面信息的认知影响。

| **关键点提示：** 由于信息排布方式能够影响玩家对信息的认知，因此在分析界面时应该关注信息的排布方式是否正确地反映出了界面信息所要表达的含义。

综上所述，在分析信息表意是否准确时，设计师可以通过分析玩家的认知经验、视觉符号的适用性、视觉传达形式的合理性以及信息排布方式的认知准确性来判断信息传达的过程中是否存在歧义。在确保界面的层级清晰、表意准确后，设计师还可以利用模式化设计的方式培养玩家的认知经验，让玩家将已经掌握的知识应用到新的界面中，从而降低玩家的学习成本。

5.2.3 利用模式化设计

模式化设计是指使用通用的界面样式展现不同功能的设计方式。这种方式可以让玩家在不同界面中复用已经掌握的界面知识，从而降低学习成本并养成操作习惯。模式化设计的应用场景很多，小到细节设计，大到界面布局都可以使用。下面先介绍界面布局的模式化设计应用。

　　界面能否采用模式化设计主要取决于功能的操作流程、实现方式以及产生的效果是否接近。图 5-46 展示了装备和宝石界面的模式化设计示例。

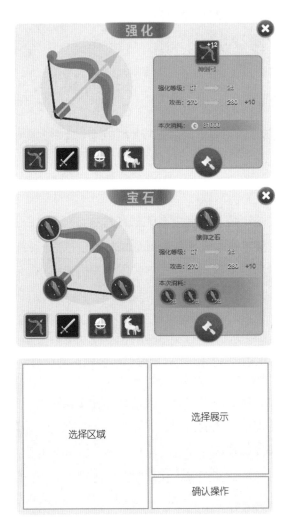

图 5-46　强化装备和宝石界面的模式化设计

　　在具体思考能否进行模式化设计时，我们首先认为这两个功能在操作流程上都是先选择装备，再对相关物品进行强化操作，因此它们在操作流程上趋于一致。此外，这两个功能的实现方式都是通过点击对应的操作按钮完成对应的操作，因此它们的实现方式也非常相似。最后，由于这两个功能的反馈都是对某个物品的强化操作反馈，因此它们的反馈机制也非常相近。综合这些判断，我们可以通过模式化设计有效降低这两个功能的玩家理解成本。

　　值得注意的是，除了排版的模式化设计外，示例中的圆形按钮也属于一种模式化设计，设计师将不同界面中的主要操作用该按钮展示，使得玩家使用 2 个界面时都可以清晰地知道该按钮是此界面的核心操作，类似的设计在《炉石传说》的对战按钮中得到了应用，该游戏中所有进入对战的按钮都使用了一个带有蓝色螺旋图案的圆形按钮，使得玩家在不同游戏模式下都可以理解点击该按钮将意味着开始对战。

　　除了在排版和控件设计上可以使用模式化设计外，在场景化的界面设计中，模式化设计的应用也很广泛。由于场景化的界面信息在表现形式上存在着很大差异，导致玩家很难快速分辨有价值的信息，因此设计师总是需要通过模式化的表现形式来帮助玩家快速发现这些信息。例如，使用相同的物体描边特效，提示玩家场景中可以互动的物品。使用统一的符号提醒玩家游戏路径，或者使用相同的物品外观告知玩家物品的作用。

│ **关键点提示：** 排版方式以外的模式化设计也可以提升玩家的认知效率。

　　除了视觉表现的模式化设计外，有些游戏还在操作方式上采用了模式化设计，这种设计主要是用于提升游戏的操作体验。图 5-47 展现了《水果忍者》的按钮激活方式。

图 5-47　《水果忍者》的按钮激活方式

Fruit Ninja artwork courtesy of Halfbrick Studios

在《水果忍者》中，激活按钮的操作方式与切水果的操作形式保持了一致，从而让玩家在操作游戏功能时也能感受到切水果的乐趣，但是这种设计与玩家点击操作按钮的日常使用习惯存在冲突，反而增加了玩家的学习成本。

| **关键点提示：** 不要采用与玩家认知习惯有冲突的模式化设计。

设计师还可以基于目标玩家的游戏经历将玩家所熟悉的模式化设计引入到自己的游戏中。例如，在开放世界的 RPG 游戏中采用 FPS 的战斗机制时，如果设计师能够在武器切换的设计上借用 FPS 游戏的"武器环"设计模式，就能提升 FPS 玩家在该游戏中的操作体验。图 5-48 展示了 RPG 游戏中常见的武器切换菜单，这种菜单通过某个按键呼出，玩家可以通过鼠标选择要使用的武器，或使用键盘移动光标然后选择要使用的武器。

图 5-48　RPG 游戏中的武器菜单（图的右下角）

图 5-48 的设计在传统的 RPG 游戏中可以承载大量的物品切换，但是在快节奏的 FPS 战斗机制下，这种设计会导致玩家的战斗体验经常被烦琐的操作打断。为了解决切换武器会打断战斗体验的问题，设计师可以借鉴 FPS 游戏中的"武器环"设计，如图 5-49 所示。在该设计中，在画面右侧展示了武器环菜单的设计，玩家只需按下特定按键，呼出武器环菜单，再将鼠标移动到相应武器所在的方向即可完成武器切换。这种设计不仅大幅提升了武器切换效率，而且该设计在 FPS 游戏中应用广泛，玩家在类似的游戏场景中很容易理解该设计的使用方法。因为这种设计可以帮助玩家更快速地切换所需装备，从而提升游戏的流畅性。

图 5-49　FPS 游戏中的武器坏设计

| **关键点提示：** 根据使用场景引入其他游戏中的设计也可以是一种模式化设计。

　　模式化设计的本质是对类似的问题形成通用的解决办法，究竟使用什么样的模式取决于游戏想要带给玩家的体验感受，例如水果忍者的按钮激活方式不仅体现了设计师期望通过模式化操作提升游戏乐趣的愿望，更让操作模式能够有效地支撑"切水果"的游戏体验目标。此外，模式化设计也需要考虑玩家的认知经历，如果借用玩家已经掌握的设计模式则可以减少游戏的学习成本，甚至提升易用性。但设计师要避免过度使用模式化设计，因为千篇一律的界面布局有时反而会让玩家对界面产生混淆。

　　前面已经介绍了影响界面易学性的 3 个主要因素：信息层次清晰性、信息表意准确性和模式化设计。至于设计出来的界面是否能够满足易学性要求，设计师还可以通过简单的方法快速验证。

5.2.4　5 秒检验法

　　设计师可以通过 5 秒检验法快速检查界面的易学性。这种方法源于视频网站的 5 秒广告实验。在该实验中，该视频网站准备了一组能够跳过的广告和一组强制播放的广告，通过对比 100 余位测试观众的反应后该网站发现：无论哪类广告，广告的吸引力在前 5 秒内都会逐渐增加，随后降低。在易学性中我们提到游戏界面的作用是传递体验价值，这与广告向观众传递商品价值的目标非常相似，因此 5 秒验证法也可以作为衡量界面易学性的方法。不过，很多界面被打开前就能够让玩家产生认知预期，这一点与广告略有区别。例如，玩家点击"制造"按钮时会知道打开的界面将用于制造某种物品，这使得界面更容易被玩家理解。此外，界面设计不仅需要玩家认识到体验价值，还要让他们掌握相应的操作方法，因此在注重结果的界面中，操作应该尽量精简以减少玩家的认知时间。

　　5秒检验法的基本原理在于收集测试者的认知错误并总结成设计问题。在实际使用时，设计师要让受试者认真观察界面但不超过5秒，然后询问其界面作用和操作方法，并记录受试者的反馈。基于受试者的反馈记录，找出其中出现认知偏差的部分，并将其归类后提炼成设计问题。注意，测试对象一般不少于5人，并且都应该是潜在玩家。下面以图5-50中的快捷菜单为例介绍5秒验证法的使用方式。

图 5-50　快捷菜单设计

　　基于图5-50的设计，应用5秒验证法发现设计问题的步骤如下。

　　1）设计师告诉受试者与界面有关的游戏规则。

　　2）设计师打开快捷菜单让受试者观察界面不超过5秒，在此期间受试者一旦认为已经理解了界面的主要内容就可以中止观察行为。

　　3）在受试者完成界面观察后，设计师通过自上而下的提问方式收集受试者的反馈并划分出问题的严重程度。设计师可以先通过宏观的问题，判断受试者是否了解界面的价值，例如"这个界面的作用是什么"。如果受试者的宏观问题回答正确，再通过微观提问检验具体使用场景的体验问题，例如"如何选中特定的手枪"。

　　为了便于玩家理解，表5-8模拟出了受试者针对宏观问题和具体问题的回答情况。

表 5-8 汇总了 5 名受试对象的反馈。其中在宏观问题的回答中，第 5 名受试者将快捷菜单当成了背包功能，因此设计师可以考虑增加引导性提示来告知玩家该界面的作用。而在具体问题的反馈中，第 2 名受试者的反馈说明界面中缺少操作提示，设计师可以通过在物品图标中增加对应的按键提示来解决此问题。此外，第 3、4、5 位受试者在具体问题上的回答都反映出了玩家无法基于菜单信息分辨出类似物品的差别，这主要是由于玩家在使用快捷菜单时视觉焦点都集中在了物品图标位置而忽视了菜单底部的物品描述，因此设计师可以通过将物品描述调整到更明显的位置来解决此问题。

5 秒检验法可以帮助设计师快速发现界面中的易学性问题，设计师只需要将这些问题归类到信息层次、信息清晰度、模式化设计这 3 种易学性问题上即可找到相应的解决方法，从而提升界面易学性。

表 5-8 受试者反馈列表

宏观问题：界面的作用是什么	
测试对象	回答
1	换武器
2	选择物品
3	切换装备
4	换武器
5	物品背包
具体问题：如何选中特定的手枪	
测试对象	回答
1	查看菜单下方的物品信息并使用按键切换
2	不知道按哪个按键进行切换选择
3	看不出界面中手枪的区别，无法分辨
4	两把手枪都试试
5	两把手枪一样，无须区分

注意： 提高游戏易学性的目标是缩小玩家心理模型和游戏实现模型间的差距，使玩家可以基于自己的认知经验正确地理解游戏所要表达的内容，建立正确的价值和操作认知。而缩小这种差距的方法就是基于视觉原理调整界面的表现形式使其更符合玩家的心理模型。无论是在面板类界面还是场景类界面中，设计师都应该关注界面信息的层次和清晰度能否有效地建立玩家的价值认知并正确传递操作方法。同时，设计师还应该思考能否通过模式化设计的方式降低玩家的学习成本，提升玩家操作的流畅性。最后，设计师还可以通过 5 秒检验法判断界面易学性的实现效果。

| 思考与实践 |

1. 优化易学性的目的是什么？

2. 设计师应该从哪几个方面分析界面的易学性？

3. 在分析易学性时，信息按照价值观需求可以分成哪 3 类？

4. 请列出划分界面层次时常用的两种设计方法。

5. 请列出信息表意不准确的两种问题类型。

6. 请对下列 5 秒验证法的操作步骤进行排序。

A. 请测试对象观察界面但不超过 5 秒；

B. 基于受试者的反馈记录，找出其中出现认知偏差的部分，并将其归类后提炼成设计问题；

C. 基于测试任务询问其界面作用和操作方法，并记录受试者的反馈；

D. 选择合适的测试对象；

E. 设置测试任务和问题。

5.3　情感化设计

在分析界面体验时除了关注易学性与易用性外，设计师还需要思考哪些界面需要给玩家带来操作之外的情感体验，以及这些体验的效果如何。我们将这些能够引起玩家情感变化的设计称为情感化设计。界面中的情感化设计是利用表现层的设计直接传达游戏体验的方法，因此在分析设计效果时，应该关注设计的情感化体验是否与游戏的体验目标一致。在实际应用中，情感化设计主要用于提升游戏体验的深度和广度。在体验深度上，情感化设计可以通过超出玩家预期的反馈形式强化玩家的反馈体验或者利用有趣的操作方式提升玩家的操作沉浸感。在体验广度上，情感化设计既可以利用特定的视觉元素创造出新的体验点，也可以通过场景化的表现形式带给玩家更多的趣味性。此外，由于好的情感化设计能够直接提升玩家的好评度形成游戏口碑，因此为了确保情感化设计效果，设计师有时甚至会牺牲界面的易用性或易学性。

界面的情感化设计大多通过场景化设计、反馈设计、视觉元素设计和操作方式的设计来实现。在分析情感化设计效果时，虽然没有太多的通用规律可循，也很难找出具体的分析方法，但是设计师仍然可以基于游戏的体验目标、玩家在特定情境中的心理变化以及玩家的偏好对设计效果进行基本的判断。下面就基于不同的设计方式介绍相应的游戏体验分析思路。

5.3.1　利用界面的场景化设计增强游戏沉浸感

　　界面的场景化设计是将界面包装成某种游戏场景的设计方法，这种方法主要用于提升界面的沉浸感。在实际分析中，设计师需要关注界面的场景化设计能否有效支撑游戏体验目标。图 5-51 展示了不同的酒店经营游戏的界面设计形式。

图 5-51　功能化界面设计（左）和场景化界面设计（右）

　　在图 5-51 中，左侧的界面设计更注重操作效率和信息传递的准确性，而右侧的界面设计则使用了场景化的设计形式，使玩家在与游戏的互动过程中，感受到自己在管理一家真实的酒店。这两种界面都有其优势，因此判断哪种方式更好时，设计师应该从玩家如何实现体验目标的角度出发，思考哪种设计形式能够帮助其更高效地获得游戏体验。如果游戏的体验目标主要依靠玩家与游戏世界的互动来实现，则图 5-51 右侧的界面方案显然可以更好地实现玩家体验目标。但是如果游戏实现体验目标方式主要依靠数值反馈，则图中左侧的界面设计显然更加适合。因为该界面更加注重操作效率，可以提升数值循环的效率，从而帮助玩家更快速获得数值反馈。

│ **关键点提示：** 界面的场景化设计应该与玩家获得游戏体验的方式相匹配。

　　除了对单个界面的场景化进行分析外，设计师还需要基于游戏的体验目标协调好不同界面间的场景化设计方式，进而达到体验增益效果。这种增益效果是指当多个界面都围绕统一的体验目标进行场景化设计时，界面之间的设计协调性将给玩家带来额外的情感体验。例如，《炉石传说》为了给玩家创造更好的沉浸式体验，将界面设计成了牌盒、牌册、桌布等实体桌游中常见的物品，从而给玩家建立起在酒馆玩牌的体验，而这种体验是无法通过单个界面的场景化设计实现的。与《炉石传说》相悖的是，有些游戏为了吸引玩家付费，将商城界面设计成单独的游戏场景，但是这些场景与其他界面的风格并不协调，反而让玩家感觉突兀。

| 关键点提示： 基于体验目标协调不同界面的场景化设计可以创造情感体验上的增益效果。

　　除了整体的界面场景化设计外，局部信息的场景化设计也能够提升游戏沉浸感。例如，将游戏的路径提示做成路标指示牌等与游戏环境融为一体的提示，将游戏的界面设计为 AR 设备的投影功能等。

　　虽然不同游戏中的场景化设计差异很大，但是我们仍然可以通过 3 步分析法来判断场景化设计是否合理。

　　第 1 步：了解玩家的界面需求——确定界面的主要使用场景及玩家目标。

　　第 2 步：判断场景化设计的有效性——基于游戏体验目标、玩家偏好，判断设计能否提升玩家沉浸感。

　　第 3 步：判断玩家使用场景是否与场景化设计存在冲突——分析界面使用场景是否与场景化设计存在冲突，从而对游戏体验产生负面影响。

　　下面以卡牌收藏界面为例介绍如何通过 3 步分析法判断场景化设计的合理性。

　　假设我们需要为某卡牌对战类游戏设计卡牌收藏界面，在该界面中玩家可以查看卡牌功能、收集进度并进行组牌。为了提升玩家在此过程中的操作体验，设计师决定将该界面设计成牌册的形式。下面通过 3 步分析法思考这种场景化设计的合理性。

　　第 1 步：**了解玩家的界面需求**——在该界面中玩家的主要目标是调整牌组中的卡牌。

　　第 2 步：**判断场景化设计的有效性**——从图 5-52 中可以看到此界面被设计成牌册的场景。由于目标玩家大多拥有集换式卡牌的桌游经历，所以我们认为这些玩家能够认同主题牌册、特殊闪卡等集换式卡牌中特有的文化，因此将界面设计成牌册的样式恰好能够唤起玩家的文化认同感，从而提升游戏体验。

　　第 3 步：**判断玩家使用场景是否与场景化设计存在冲突**——玩家在此界面调整套牌的场景与玩家在现实中通过浏览牌册组牌的场景非常接近，类似的使用场景使得界面的易用性和易学性都得到了很好的保障并且创造了更强的场景代入感。

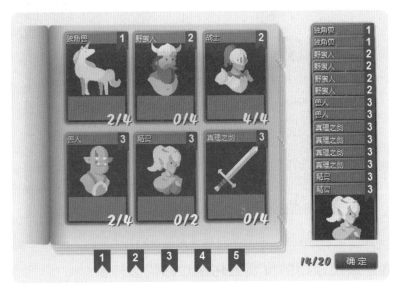

图 5-52 卡牌收藏界面示例

需要注意的是，使用 3 步分析法时有两个前提：

1）界面的场景化设计与游戏体验目标一致；

2）界面的场景化设计能与其他界面风格相互协调。

例如，《炉石传说》的界面设计都围绕着牌盒和牌具的主题，保持了场景设计的统一性，因此玩家使用操作界面时仿佛在使用一个拥有众多精密机关的牌盒。

此外，为了避免场景化设计造成的易学性和易用性问题，设计师在进行场景化设计时应该尽量利用较少的"去面板化"改动达到提升体验的效果，因为在面板化的设计中，设计师可以使用很多实现成本很低的平面设计方法，但是在场景化的界面中，这些设计方法很难使用。所以在分析界面的场景化设计时，实现成本也是设计师需要考虑的问题。

例如基于游戏世界观的特点使用 AR 主题的场景化设计（如图 5-53 所示），不仅很好地将界面融入了游戏场景，并且保留了传统的面板化界面设计方式，使得设计师可以通过实现成本极低的平面设计手段实现大量界面的场景化设计。

| 关键点提示：分析场景化的界面设计时还应关注界面的实现成本是否过高。

图 5-53　模拟 AR 效果的场景化界面设计

5.3.2　通过超出预期的反馈强化游戏的情感体验

超出预期的反馈是一种利用超出玩家认知经验的表现方式展示反馈结果的情感化设计方法。其体验效果在很大程度上取决于行为结果的心理影响力[⊖]，反馈内容的吸引力和反馈表现形式的体验强化效果。换言之，行为结果的心理影响力越高，反馈创造情感体验的潜力越大。反馈内容与玩家目标关联度越高，反馈的吸引力越强；反馈的表现形式越能突出行为结果的特点，反馈的视觉刺激效果越好。

综上所述，设计师在分析反馈结果能否实现超出预期的反馈效果时，可以从游戏的行为结果、反馈内容和反馈形式这 3 个方面进行考虑。

1. 基于行为结果的心理影响力，判断反馈的情感体验潜力

由于反馈是一种行为结果的展示方法，因此确定行为结果的心理影响力是确定反馈体验效果的前提。而行为结果的心理影响力与其所属的游戏内容存在着密切的联系，所以设计师可以先基于游戏机制与心理影响力的关系，确定游戏内容的心理影响力，再确定不同行为结果的心理影响力，从而综合判断反馈的情感体验潜力。例如，战斗胜利的心理影响力与战斗难度存在着很高的关联度。因此高难度战斗中的行为拥有更高的心理影响力。在这些行为中"最后一击"的行为可以引起强烈的情感波动，因此该行为反馈

⊖　心理影响力：引起玩家心理变化程度的能力。

具有很高的情感体验潜力。而在实际设计中，很多游戏虽然都为"最后一击"的行为单独设计了反馈效果。但遗憾的是，这些游戏将该反馈应用在了所有难度的战斗中，导致玩家在不同心理影响力的战斗中获得的是同样的反馈，从而降低了高难度战斗中的反馈体验效果，这就是没有关注游戏机制与心理影响力关系的反面案例。

| **关键点提示：** 在分析反馈设计时，要基于不同游戏内容的情感影响力，区别对待相似行为的结果反馈。

2. 基于玩家目标，分析反馈内容的吸引力

玩家体验目标是促使玩家产生游戏行为的动机，也是行为结果中对玩家心理影响力很高的内容，所以基于玩家目标设计反馈内容更容易影响玩家的情感体验。值得注意的是，相同的游戏行为背后经常蕴含着完全不同的玩家目标，例如挂机类游戏中，玩家战斗的目标是获得奖励，因此反馈内容应该突出奖品获得，而竞技类游戏中，玩家战斗的目标是为了在战斗过程中体验丰富的策略性和击败对手时的成就感，因此反馈应该突出不同策略的效果和胜利结果的表现。

此外，在基于游戏目标确定反馈内容方面，设计师还需要考虑如何基于游戏特点设计出线性化的反馈效果，增强反馈对玩家的吸引力，例如有些游戏中，所有的战斗胜利都以"胜利"二字作为反馈效果，而另一些重视玩家体验的游戏则会基于玩家的游戏水平使用"险胜""胜利"和"完胜"的线性评价方式来提升玩家对反馈的关注度。

3. 分析反馈的表现形式能否强化情感体验

由于不同的反馈所表达的信息各不相同，使得反馈的表现形式可以非常多样。因此设计师可以通过富有创意的表现形式创造超出预期的反馈体验。虽然很难找到通用的标准来衡量反馈的表现形式是否能够带给玩家超出预期的体验效果，但是在分析反馈体验时仍然可以通过反馈形式的创新性和心理影响力来分析反馈设计的情感化体验效果。其中反馈形式的创新性可以通过对比其他游戏中是否存在类似设计来判断，而反馈形式的心理影响力则需要关注反馈内容表现出的强烈程度。因为反馈内容表现的强烈程度直接影响了玩家的心理变化幅度。

下面以卡牌对战游戏，《炉石传说》中的"最后一击"反馈为例介绍如何分析反馈

设计的情感化效果。在该游戏中,玩家击败对手时会先播放常规的伤害数字,之后播放对手头像碎裂到爆炸的效果。为了分析这种设计思路是否能够有效地提升玩家的情感体验,我们将通过分析反馈所表达的行为结果、反馈内容和反馈形式来判断反馈设计的有效性。

(1)基于行为结果的心理影响力,判断反馈的情感体验潜力

"最后一击"属于对战中的反馈效果,对战的心理影响力取决于玩家对战过程的难度、胜利时的优势程度和对手类型。从难度方面来看,玩家的对战过程越艰辛越容易在战斗中积攒压力型情绪,因此击败对手(被击败)时情绪释放效果越强。从胜利时的优势程度来说,最后一击打出的伤害越高,胜利方产生的成就感就越大,而失败方出现的失落感则越强。此外,对手类型也影响着玩家的情感体验效果,战胜真人玩家的成就感远高于战胜 AI,战胜势均力敌对手的成就感要大于战胜不堪一击的对手。

基于前面的分析不难发现,《炉石传说》中的天梯战、竞技场和乱斗模式都是心理影响力很高的游戏内容,因此这些内容中的反馈效果存在着较高的情感化体验潜力。确定了功能的情感体验深度之后,还需要确定最后一击是否是影响玩家情感变化的关键行为。基于前面对战功能的分析可以确定最后一击的操作是产生大量情感波动的关键操作,因此该操作属于影响玩家情感变化的关键游戏行为。所以最后一击的反馈属于具有很高情感体验潜力的反馈。但由于《炉石传说》中大部分对战模式的心理影响力都很高,因此设计师没有在不同的对战模式中区分最后一击的反馈效果。但是胜利时如果能够根据最后一击的伤害量展现不同强度的反馈效果也许是一个不错的选择(类似设计出现在了玩家英雄图标的受击反馈中)。

(2)基于玩家目标,分析反馈内容的吸引力

在《炉石传说》中,最后一击的爆炸反馈出现前会先出现伤害数字的反馈,这种反馈应用于所有角色受到伤害时的情况,因此属于一种通用反馈。由于这种通用反馈的存在,使得最后一击的爆破效果看上去是"多余"的。但是如果基于玩家体验目标考虑,不难发现玩家打出最后一击的目标不再是打出特定的伤害数字而是击败对手,因此对手的战败状态才是玩家最关心的反馈内容,所以游戏单独设计了"对手头像爆炸破碎"的反馈效果,用于准确传达游戏目标的达成情况。

（3）基于创新度和心理影响力，分析反馈的表现形式能否强化内容的情感体验

从反馈形式的创新性来看，同类游戏中没有使用过类似的反馈效果作为最后一击的反馈，因此表现形式具备一定的创新性。从反馈形式的心理影响力来看，角色形象的爆炸效果是围绕玩家最关注的内容而设计的，并且从头像碎裂到爆炸的表现过程呈现出了完美的压力型情感释放曲线，因此可以起到强化玩家情感体验的作用。

结合以上 3 点可以确定"最后一击"的爆炸反馈能对玩家形成较大的心理影响力，因此有很大的概率可以实现超出玩家预期的反馈效果。

5.3.3　寻找特定的视觉元素唤醒玩家的情感体验

视觉元素是构成视觉效果的基本单位，主要由图形、文字、形状、形体、点、线、面、色彩、空间等内容组成。视觉元素可以是具体的人或物，例如角色的画像、物品的图片、带有宗教色彩的符号，也可能是某种个性化的艺术风格，例如波普风格、低多边形风格、手绘风格。在现实世界中很多视觉元素被赋予了情感意义，这些元素能够在多个维度上引起观看者的心理变化，例如通过特定的视觉图案让观看者回忆起重要的情感经历或者通过个性化的美术风格让观看者产生共鸣。

在视觉元素的情感化体验分析中，设计师应该重点关注的是视觉元素的感知深度和感知人数。感知深度是指能够激发玩家情感体验的内容在相关知识体系中的硬核程度，例如在面向大众玩家的二战题材游戏中，坦克单位的外观都使用常见的型号，而面向军事迷的游戏中则使用了很多"小众"的坦克外观。这是由于不同玩家群体对坦克知识的熟悉程度不同，因此他们的感知深度也存在着差异。类似的情况也出现在美术风格中，例如很多艺术家欣赏的美术风格可能并不被大众所接受。

| 关键点提示： 由于在任何知识体系中玩家之间的感知深度都不相同，因此为了最大化视觉元素的体验效果，设计师需要关注视觉元素是否是基于人数最多的感知深度而设计的。

根据游戏所面向的玩家群体不同，处于不同感知深度的人数也各不相同，因此设计师在分析视觉元素的情感化体验效果时需要判断视觉元素是否处于人数最多的感知深度。图 5-54 展示了面向不同受众群中的感知人数与感知深度的分布关系。

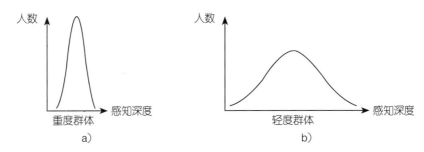

图 5-54　不同人群的感知深度呈现出不同的正态分布

　　在很多面向重度群体的硬核游戏中，设计师会使用只有铁杆粉丝才能理解的视觉元素来提升游戏的情感体验，这是因为玩家中的绝大多数人对游戏的感知深度处于相当接近的水平并且与非游戏玩家呈现出明显的区分（见图 5-54a）。例如，在新版的 *DOOM* 4 中，设计师在游戏中加入了初代 *DOOM* 的经典武器双管猎枪，从而唤起该系列老玩家的情感体验。采用这种设计方式的主要原因是 *DOOM* 系列的受众群属于硬核 FPS 玩家群体，他们有着较为相似的游戏经历并且在感知深度上也较为接近。

　　除了使用特定的视觉形象外，有些游戏还通过使用独特的美术风格配合独特的游戏机制来创造情感体验。例如，在横版过关游戏中使用像素风格的画面创造出 20 世纪 80 年代复古游戏的体验，从而唤起玩家对那个时代的情感体验，在这种基于独特画面风格创造情感体验的游戏设计中，《旗帜传说》通过手绘动画的风格获得了战棋游戏爱好者的青睐。这种 SLG（战棋类游戏）大多出现在 20 世纪 80 年代至 90 年代初期，在这个时期也是手绘动画大行其道的年代，随着行业的发展，战棋游戏和手绘动画逐渐退出了历史舞台，而这些经历则化作了美好的记忆尘封在玩家的心中。《旗帜传说》使用手绘动画的美术风格结合 SLG 的游戏类型，不仅带给玩家很强的复古感觉，还唤起了玩家的很多记忆，从而实现了情感化体验。遗憾的是，由于 SLG 的类型和手绘动画消失已久，因此只有年龄较大的硬核玩家才能感受到《旗帜传说》在美术风格上的良苦用心。参见图 5-55 展示的《旗帜传说》美术风格。

　　除了面向重度群体的游戏外，还有很多面向轻度群体的游戏。这类游戏中玩家感知深度的差距较大，各个感知深度中的用户数量也比较接近，设计师很难确定使用哪种视觉元素可以更有效地激发玩家的情感体验，因此在这种情况下更需要关注视觉元素在不同群体中的认知共性，即所采用的视觉元素能否被大部分玩家所理解。例如在很多日本动漫题材的游戏中，使用的游戏人物大多属于耳熟能详的人气角色，通常不会使用带有极端倾向性的个性化角色，这种设计可能无法达到特定人群的感知深度，但是能增加感知人数。由于中、轻度游戏的玩家群体存在一定的普适性，因此在实际分析过程中设计师可以使用百度指数、谷歌指数等普适性较强的统计平台，确定玩家对特定角色的喜好程度，从而判断视觉元素设计的体验效果。

图 5-55　《旗帜传说》美术风格（Stoic 公司提供）

The Banner Saga artwork courtesy of Stoic

值得注意的是，很多文字信息也能够激发玩家的情感体验，例如在游戏中使用有趣的人名、地名、事件名称都可以给玩家带来额外的情感化体验。因此在分析视觉元素的情感化设计时，设计师还需要关注文字信息的优化能否带给玩家更多的情感化体验感受。此外，对话时人物的语气、口头禅等语言特点，功能按钮的名称也是值得关注的部分。由于这部分内容属于游戏世界观策划的设计范畴，在这里不再过多介绍。

5.3.4　还原有趣的操作体验创造操作中的情感体验

由于操作是玩家与游戏互动的主要手段，因此操作过程中的体验对游戏体验也会产生重要影响。考虑操作模式对玩家的学习成本会有较大影响，因此设计上会尽量避免大范围的操作方式创新，而是重点关注与游戏体验目标密切相关的核心操作创新。在实际优化时，设计师可以基于操作对象的交互特点设计出更符合其体验感受的操作模式，从而提升玩家的操作沉浸感。由于游戏在机制上存在很大的不同，因此操作的情感化设计也没有通用的方法可言，但是设计师仍然可以通过关注操作过程、操作对象和游戏体验目标三者间的契合度，来判断游戏操作的情感化体验潜力。下面介绍了 4 种主流的操作情感化设计的思路和相关案例，希望能有助于设计师扩展操作体验上的分析思路。

1. 将真实场景中的操作方式还原到游戏中

在模拟真实场景的游戏中，设计师可以通过还原真实场景中的操作方式来提升游戏沉浸感，因为这种操作设计可以更充分地还原游戏体验目标。一般来说，被还原的操作仪式感越强，还原出来的操作体验效果越好，因此还原真实的操作体验，对于以操作为主要体验目标的游戏来说非常重要，例如在模拟驾驶类游戏中，玩家会通过购买方向盘式的控制器来体验更真实的驾驶感受。在手机平台的钓鱼游戏设计中，设计师可以基于手机重力感应功能将抬杆的过程模拟成抬起手机的操作，从而还原出紧张刺激的收杆体验。

除了完全还原现实操作体验外，有些游戏只需要还原最能激发玩家情感体验的步骤即可，而还原出全部操作步骤反而会降低游戏体验。例如，在家用游戏机平台上设计射击游戏时，会将手柄的"扳机键"作为开火按钮，但是不会让玩家通过手柄的重力感应进行瞄准，而是采用"辅助瞄准"功能。这种设计虽然没有完整地还原出瞄准再射击的过程体验，但可以有效地降低玩家瞄准时的操作难度并提升玩家的射击频率，从而提升玩家获得情感体验的频率。

除此之外，很多与游戏核心体验无关的真实体验也可以被引入到游戏操作设计中，从而增加操作时的情感化体验。例如在卡牌手游中，设计师会把"画符""求签"等具有传统仪式感的现实操作引入到随机抽卡的操作过程中，从而提升抽卡时的仪式感，带给玩家额外的情感体验。

2. 具有探索乐趣的操作

操作的探索乐趣主要源于玩家对游戏过程和结果的期待与不确定性，在很多解谜游戏中，操作过程本身就是一个具有探索乐趣的体验。玩家会尝试使用不同的操作方式破解游戏设置的机关，每一次失败的尝试都可以提升破解成功时的兴奋感。

在 *The Room* 中，玩家需要使用点击、拖拽等不同的操作方式尝试破解不同容器上的层层机关，最终打开盒子才能通关。在这个过程中，玩家的每一次尝试性操作都包含着期待、失落或成功等多种心理体验，因此操作过程是具有情感化体验的，如图 5-56 所示。

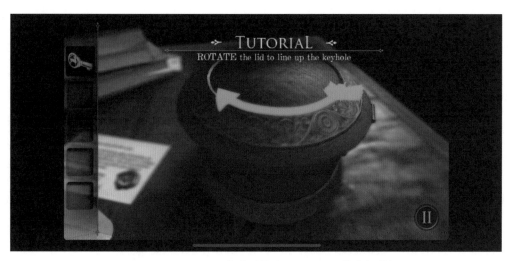

图 5-56　*The Room* 操作引导（Fireproof 工作室提供）
The Room tutorial courtesy of Fireproof Studios Ltd

除了在解谜游戏中利用操作的不确定性建立玩家的情感体验外，设计师也可以通过优化奖励结果的揭示方式，获得类似的体验效果。在这类游戏中，设计师通过特殊的操作模式创造出循序渐进的结果揭示过程，从而营造出更强的探索体验。例如，在《炉石传说》中玩家打开卡包后，只能看到 5 张背面朝上的卡牌，当玩家将鼠标悬停到任意一张卡牌上方时，卡背周围会发出不同品质色的光效用来提示玩家该卡翻开后可能会得到什么品质的卡牌，如果要知道具体的卡牌信息，玩家则需要逐一点击每张卡背翻开卡牌。在这个操作设计中，虽然玩家获知结果的操作步骤增加了很多，但是通过这些增加的操作步骤，延长和增强了玩家对卡牌结果的期待感、兴奋感和失落感，因此这种设计可以提升玩家在开卡过程的情感体验。

从《炉石传说》的案例中可以发现，在设计操作方式时，利用玩家对未知结果的期待，通过采用适当的操作步骤延长期待过程，并放大过程中每个情感激发点的影响效果，能够带给玩家更好的探索型操作体验。

3. 与游戏实力挂钩的操作模式

在很多游戏中，玩家可以通过反复磨炼自己的操作水平来完成更高难度的挑战。这种将操作水平与玩家实力紧密联系在一起的操作模式也可以创造操作过程中的情感化体验，其实现原理是通过操作门槛与玩家游戏水平的匹配程度创造出操作过程中的情感化体验。下面以格斗游戏为例介绍这种操作模式的设计原理。

在格斗游戏中，操作水平在很大程度上决定了玩家实力，例如初级玩家只会使用基本的格斗招式，中级玩家可以通过按键组合的方式使用威力更强的招式，而高端玩家则能够在任意时刻、任何情况下使出最适合的招式。由于玩家的游戏水平是通过操作能力体现出来的，而提升游戏水平是提升玩家游戏体验的重要手段，因此操作过程可以有效地产生情感体验效果。例如，对战过程中的紧张感会转化为操作上的时间压迫感。除此之外，游戏的操作门槛与玩家的实际水平差异也能让玩家在操作时获得不同的情感化体验。例如，新手玩家的游戏水平低于对手操作水平时会在对战中产生紧张感，而远高于对手游戏水平的高端玩家则会在流畅的操作过程中产生兴奋感和成就感。值得一提的是，在某些格斗游戏中，使用一键释放招式的操作设计取代了按键组合的操作模式，这就使得玩家的操作水平与游戏实力不再关联，导致对战操作中的情感化体验大幅下降。同时，由于操作不再具有成长空间也使得玩家不再需要花费大量的时间在游戏中练习操作技巧，因此游戏的生命周期也会大幅缩减。

在分析与游戏实力挂钩的操作体验时，设计师首先应该关注操作水平在游戏中所占的比重，比重越高，说明玩家从操作中获得情感化体验越好。在很多 F2P 游戏中已经严格限制了操作水平所占的比重，因此设计师首先应该关注这个比例是否足够满足通过操作体验实现游戏体验目标的水平。还有些游戏在不同的玩法中使用了不同的比例。例如，在 PVE 模式中鼓励玩家通过付费的手段提升游戏实力，而在 PVP 模式中则全靠玩家的操作水平，在这种情况下设计师还需要确定这两种模式中哪种才是游戏的核心体验，确定操作模式是否符合核心体验的需求。

此外设计师还需要关注操作的成长体验，即成长反馈的频率和强度。操作的成长体验与关卡设计、技能设计等众多的机制层的设计都有关系，设计师最需要关心的是成长感的反馈频率和反馈强度。一般来说，在前期的操作学习中反馈的频率和强度应该比较高，随后逐渐降低。即游戏前期的操作门槛较低，玩家能够获得的操作体验更丰富，而到后期随着门槛的增加，操作体验的提升效果也不会太明显，这就是在很多竞技游戏中常用的"易上手，难精通"的设计思路。

除了在核心游戏机制中使用与游戏实力挂钩的操作模式外，在辅助玩法中也可以借鉴这种设计思路，例如设计幸运转盘时，可以基于玩家转动圆盘时的初速度来确定转盘最后停止的位置，从而提升玩家操作转盘时的情感体验深度。

4.用创新的操作方式高效地满足玩家需求

玩家在一些创新的操作模式中也能够产生强烈的情感体验。这类创新型操作的设计初衷原本是为了提升操作的易用性，但是当玩家体会到操作方式的独特性和高效性时会产生新鲜感、成就感等情感化体验效果。由于这种操作设计是通过独特的交互方式和更好的易用性效果创造情感化体验感受的，因此设计师在分析设计的体验感受时，应该重点关注操作的易用性以及操作过程的独特性，其中操作的易用性是保障玩家对操作设计产生认同感的前提。独特性则是激发操作新鲜感的关键部分，下面重点介绍操作过程的独特性。

衡量操作过程的独特性时可以重点关注操作形式的易感知性和泛用性。易感知性是指玩家在操作过程中感知该操作行为的难易程度。例如，玩家在点击按钮时可能只是本能的反应，因此并不会清晰地意识到自己正在进行点击的操作，但是当玩家在画图的时候却会清晰地知道当前正在对画笔进行操作。使用易感知的操作方式进行设计会提升玩家对操作过程的关注度，但是随着玩家操作次数的增加，操作的易感知性会逐渐下降。很多不常用的操作方式都具备很强的易感知性，例如特殊的手势、长按、双手指点击（移动设备）。而经常使用的操作形式则很难在操作过程中被玩家关注，例如点击按键、鼠标的移动、单击鼠标右键、操作快捷键等。

除了关注易感知性外，操作形式的泛用性也是设计师需要注意的。操作形式的泛用性是指操作形式在类似场景中的使用频率。设计师只有将易感知的操作形式应用到不常用的设计场景中才能创造出独特的操作体验。例如在移动设备上，长按和拖拽的操作方式存在很强的易感知性，但是这种操作被广泛地应用在移动物品的场景中，因此在类似的物品管理操作中使用此操作模式并不会带给玩家独特的操作体验，但是如果将这种操作用在角色的多选操作上则会让玩家感受到操作的独特性。然而独特的操作模式在大部分情况下会改变玩家的操作习惯，提升操作的学习难度，而操作中的情感化体验效果却是非常有限的，因此设计师应该尽量避免单纯为了创造独特的操作形式而修改操作设计。

前面介绍了 4 种操作中的情感化体验设计方式以及相关的分析思路。由于操作方式的设计与游戏核心机制有很大的关联性，因此操作体验的优化会涉及很多游戏机制和功能上的调整，设计师应该重点优化核心游戏内容的操作体验，在操作优化方面做到"少而精"，避免过多操作修改对玩家的使用习惯形成挑战。

在不同类型的游戏中操作体验的重要性也各不相同，例如在格斗游戏中由于操作感受会直接影响玩家的对战体验，因此操作体验在游戏设计中至关重要，而在战略类游戏中操作只是帮助玩家快速实现策略部署的手段，所以操作体验对游戏整体体验的影响要小很多。设计师可以根据操作体验在游戏中的重要性来选择适合的优化方案，避免因过度设计造成资源浪费。

在分析操作的情感化体验效果时应该注意操作体验的时效性，例如格斗游戏中的招式操作可以在游戏生命周期内持续提供很强的情感体验，而略带仪式感的领奖操作体验则会随着玩家领奖次数的增加而快速下降。对于前者、设计师的优化重点应该放在如何继续加强情感化体验上，而对于后者则需要多关注操作的易用性，确保当玩家对操作过程失去兴趣时还能快速完成操作目标，特别是在不以操作体验为核心体验的游戏内容中，只有保障易用性才能让玩家获得流畅的游戏体验。

表现层的情感化设计是强化游戏体验的重要手段，可以通过界面的场景化设计、反馈设计、视觉元素设计和操作模式设计来实现。基于游戏体验目标进行表现层的情感化设计不仅更容易激发玩家的情感体验，增加游戏的体验深度，还可以保障不同表现效果间的统一性，从而创出体验上的增益效果。此外，设计师还需要关注情感化设计对易学性和易用性的影响，尽量避免因为增加情感化体验而降低易用性和易学性的情况发生。

| 思考与实践 |

1. 情感化设计的方法有哪些？

2. 决定情感化设计方向的因素有哪些？

3. 判断场景化设计有效性的步骤是什么？

4. 可以基于哪些因素设计超预期反馈？

5. 利用视觉元素创造情感化体验时应注意什么？

6. 可以通过哪些方法设计出带有情感化体验的操作方式？

5.4 本章小结

本章主要介绍了分析游戏界面体验效果的主要方法：易用性、易学性和情感化体验。

其中，易用性关注的是玩家获得体验的效率，易学性关注的是界面价值传递的效果，情感化设计关注的是界面在情感体验上的心理影响力。由于易用性、易学性和情感化设计的本质都是提升玩家在表现层的游戏体验，因此在分析界面体验效果时设计师应该结合界面在游戏体验中的定位，决定如何平衡这三者的权重，例如解谜游戏中会刻意降低某些界面的易学性来增加玩家的探索体验。

界面的易用性主要包括操作高效和无须记忆这两个方面，在分析易用性的过程中，设计师应该重点关注中等水平玩家的体验目标，基于这些目标确定界面中的信息展示内容和操作流程。除此之外，设计师还需要基于游戏机制判断出界面存在哪些使用场景并重点关注主要使用场景中的易用性。在具体分析界面易用性时可以基于 7 个步骤找出易用性的潜在优化空间：

- ⊙ 界面能否满足中等水平玩家的需求；
- ⊙ 界面功能是否为经常出现的使用场景做了优化；
- ⊙ 功能的操作体验；
- ⊙ 信息是否完整且无须记忆；
- ⊙ 边际情况下的易用性；
- ⊙ 反馈是否及时准确；
- ⊙ 提示是否适时。

优化易用性时，设计师一定要避免过度追求界面易用导致游戏体验下降。例如，因为使用了自动寻路功能导致玩家不再关注游戏剧情，从而降低游戏沉浸感。

在易学性的分析过程中，设计师可以利用 5 秒检验法发现心理模型与实现模型之间的偏差并通过优化界面的信息层次、信息准确性和模式化设计来减少这些偏差。在分析界面的视觉层次时，设计师可以通过界面的排版方式和颜色对比来判断界面能否正确地引导玩家认知顺序。而在信息表意的准确性方面，要尽量避免 4 种情况的出现：违反用户认知经验、视觉符号混用、视觉传达形式不合理以及信息位置容易引起歧义。最后，在模式化设计中，设计师可以尽量利用既有的排版样式和控件形式帮助玩家提升认知效率。

在分析界面的情感化体验时，需要从界面的场景化设计、游戏反馈、视觉元素设计和操作方式这 4 个方面判断设计的情感化体验潜力，以及体验是否与游戏体验目标一致。其中：界面的场景化设计可以提升玩家的沉浸感；超出预期的反馈效果能够强化游戏中既有的体验效果；特殊的视觉元素可以创造额外的情感化体验效果；而操作的情感化体验效果则与游戏机制密切相关。设计师可以通过搭配使用不同的设计方法，来实现更加复杂的情感化体验效果。

　　游戏的表现层是玩家最容易接触到的部分，也是设计方法最多、修改成本最低的部分，出于商业考虑，很多游戏在制作时都将体验重点放在了表现层上，例如基于成熟游戏机制使用影视或动漫主题的商业化游戏。然而表现层的体验很难持续带给玩家强烈的情感体验，这主要是因为表现层的内容总是会反复地展示给玩家，随着游戏时间的增加，很容易使玩家产生疲劳感。值得一提的是，由于游戏机制中存在着大量的选择模型，这些模型可以持续地创造出不同的选择场景，从而建立游戏与玩家的情感联系，因此机制层才是确保玩家能够长期留在游戏中的关键。因此可以说表现层的体验决定了游戏的体验下限，而机制层的体验则影响了游戏的体验上限。

第三部分

游戏用户体验的设计思维

　　本书第二部分已经详细地介绍了应用在游戏用户体验设计中的核心方法，它们主要包括体验层的选择模型，机制层的需求循环和表现层的易用性、易学性及情感化设计。现在我们已经掌握了分析游戏用户体验的基本方法，接下来需要对这些设计思维进行高度概括，并从交互设计思维、游戏设计思维和视觉原理角度介绍这些设计方法的由来、原理以及它们是如何影响游戏设计的，从而使读者能够对这些方法拥有更完整的认知，最终形成一套适用于游戏设计的用户体验设计思维。

第 6 章 │ **游戏设计中的交互设计思维**

　　交互设计思维是一种提升人机交互体验的设计思维，起初应用在界面设计中，因为界面是人机交互过程中最直观的载体，但是随着产品对用户体验要求的逐渐提高，仅仅优化界面设计已经不能满足设计需求，因此交互设计思维也开始对产品的功能设计产生影响，最终成为指导整个产品设计的设计思维。在游戏设计中，交互设计思维同样对表现层、机制层和体验层的设计产生着影响，其主要影响方式是帮助设计师从不同的设计层级出发，思考游戏中存在的体验问题并提出优化方案。但需要注意的是，交互设计思维作为一种指导性思维并不能独立地用于优化游戏用户体验，设计师只有结合游戏设计的方法才能发挥其作用。本章将结合游戏设计的特点，介绍 4 种常用的交互设计知识在游戏设计中的应用：

　　　⊙ 心理模型与实现模型；

　　　⊙ 目标导向设计；

　　　⊙ 基于游戏场景进行设计；

　　　⊙ 优雅的设计。

6.1　心理模型与实现模型

　　心理模型和实现模型是交互设计中常用的专有名词，其中心理模型表示用户对产品原理的理解，而实现模型则是产品实现用户功能的实际原理。在交互设计中，设计师不仅需要让产品的操作方式更接近用户的心理模型以降低产品的学习成本，更需要通过影响用户的心理模型来实现产品的设计目标。下面将详细地介绍心理模型、实现模型以及它们在交互设计中的应用。

6.1.1 心理模型

心理模型是人们基于自身的经验和知识积累构建出的认知模型，它反映了人们对事物的理解程度。在游戏设计中，主要体现在以下 3 个方面。

1. 心理模型的认知差异

由于人与人之间存在着认知差异，因此即使面对相同的事物，认知水平不同的人也会产生不同的心理模型。例如，汽车工程师和驾驶者对同一台汽车的机械原理就有着不同的认知。在游戏设计中，只有让玩家形成正确的心理模型才能使其准确地理解游戏内容，形成良性体验。因此用户体验设计师需要通过设计，让存在认知差异的目标玩家都能构建出正确的心理模型。

值得注意的是，随着玩家游戏经历的增加，其心理模型更容易受到认知习惯的影响。例如，面向硬核玩家的 FPS 游戏在规则和操作上一直没有出现太大的变化，因为受众玩家大多拥有丰富的 FPS 游戏经验，并且已经养成了固定的操作习惯。而采用创新机制的游戏则更加关注操作体验与游戏体验的一致性，因为玩家大多没有类似游戏经历，因此尚未在操作模式上形成固定认知。

2. 心理模型对游戏设计的影响

除了关注玩家的心理模型差异外，设计师还应该关注**心理模型对游戏设计的影响**。因为在很多情况下设计师都是基于自身的心理模型设计游戏的。例如，游戏设计师在基于游戏体验目标设计游戏机制时，首先会对体验目标形成自身的理解，再基于这些理解构建出能够实现游戏体验目标的游戏机制，除此之外，视觉设计师也会基于自身对游戏体验目标的理解设计游戏的视觉表现效果，所以设计师在设计游戏时，很大程度上是在基于心理模型进行设计。当设计师与目标玩家在心理模型上出现偏差时，游戏就会产生体验偏差。因此为了避免这种偏差，设计团队往往会选择在相关游戏类型上拥有丰富游戏经验的设计师，因为他们在游戏设计上与目标玩家的心理模型更为接近。

3. 心理模型的用户认知惯性

在心理模型的概念中，设计师还需要关注用户的认知惯性。认知惯性是用户基于既有的心理模型对未知事物做出判断的方法。例如，用户在使用新产品时，需要在既有的心理模型中寻找匹配度较高的模型作为认知参照，我们把这种认知过程称为**认知惯性**。随着游戏差异程度的增加，玩家通过认知惯性建立起的心理模型会出现更多偏差，因此设计师在设计创新度较高的游戏时，需要加强这方面的引导。

| **关键点提示**：基于用户既有经验进行设计，是减少认知偏差的有效方法。

6.1.2 实现模型

在游戏设计中，实现模型是游戏实现产品目标的设计原理。这些原理用于指导游戏在体验层、机制层和表现层的设计。例如，制作团队需要思考游戏如何构造有效的体验吸引玩家购买游戏（体验层），如何通过规则还原这些体验的互动部分（机制层），以及怎样让游戏内容看上去更具吸引力（表现层）。

由于实现模型是游戏实现产品目标的设计原理，因此充分理解该模型的运作原理是做出有效设计的必要条件。此外，不同游戏的实现模型也存在着差异，而快速掌握这些差异的方法是大量的体验游戏，并对过程中的体验感受以及行为模式进行总结和反思，思考这些心理体验是如何产生的，并促成了哪些行为，进而与相关的游戏内容进行关联，从而总结出游戏的实现模型。这种方式与游戏策划学习游戏设计的方法类似，但不同的是用户体验设计师更关注过程体验中的心理变化和行为结果与游戏内容的关联关系，而对于数值，技术实现则不会进行重点的分析，除非这些内容会直接影响游戏体验目标（如 *Pokemon GO* 中的定位技术）。

| **关键点提示**：用户体验设计师需要基于大量的深度体验才能加深对游戏实现模型的认知。

因为实现模型与产品目标存在密切的联系，因此我们经常基于实现模型来推理游戏设计的合理性。在推理过程中，需求循环和选择模型是两种常用的实现模型。其中，需求循环大多用于表述玩家需求在游戏整体机制架构中的运行方式。这种模型可以帮助设计师厘清游戏各个机制之间的脉络，当某个机制出现问题时，可清晰地知道哪些机制会受到波及，从而避免潜在的设计风险。选择模型则更多用于思考具体机制设计对玩家体

验的影响。这种模型可以帮助设计师更全面地发现玩家游戏行为的动机，从而找出引导玩家行为的有效设计方式。

| 关键点提示： 实现模型是设计师分析游戏设计是否合理的重要依据。

6.1.3　基于两种模型引导玩家行为

从实现模型和心理模型的定义中不难看出，实现模型决定了实现设计目标的基本原理，而心理模型则决定了用户的认知和行为。因此在游戏设计过程中，设计师可以通过影响玩家的心理模型，使其产生更多符合产品需求的行为。下面通过对比两种外观设置的界面设计（见图 6-1 和图 6-2），来说明如何通过影响心理模型，引导玩家行为。

图 6-1　方案 A：突出玩家所选外观的设计方案

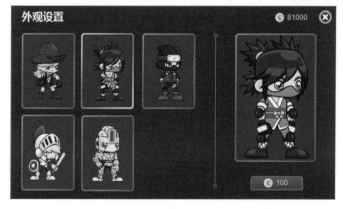

图 6-2　方案 B：突出浏览效率的设计方案

从图 6-1 和图 6-2 不难发现，两个外观设置方案拥有相同的产品目标实现模型，即基于外观对玩家的吸引力使玩家产生付费或留存行为。因此实现模型的基本原理如图 6-3 所示。

基于该实现模型，可以确定在构建玩家心理模型时，应该突出外观的吸引力（建立需求）和获得手段（满足需求的行为）。通过对比图 6-1 和图 6-2 的界面设计不难发现，方案 A 在表现层上利用场景化设计和大量的界面留白突出了玩家所选外观的吸引力，从而更易聚焦玩家的注意力。而方案 B 的设计则更加关注选择效率，便于玩家快速浏览。但这种设计分散了玩家对单个外观的注意力，从而降低了单个外观的吸引力，导致玩家的心理模型无法有力地支撑实现模型的设计目标。

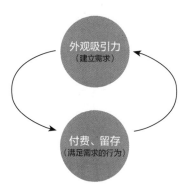

图 6-3　外观替换机制的实现模型

基于以上案例不难发现，在分析游戏体验效果时，设计师可以基于游戏的体验目标和需求循环，确定设计目标的实现模型和影响因素，并强化这些因素在玩家心理模型中的影响效果，引导玩家做出有效的游戏行为。

| **关键点提示：**基于实现模型的设计目标，确定心理模型的影响方向，是游戏体验设计的重要思维方式。

| **思考与实践** |

1. 影响玩家行为的是心理模型还是实现模型？

2. 在分析实现模型的合理性时可以基于哪两个因素？

3. 在进行与需求循环有关的设计时，设计师是否需要基于游戏的实现模型影响玩家的心理模型？为什么？

6.2　目标导向设计

目标导向设计是交互设计思维的核心思维之一，意指设计师应该基于产品的目标做设计。这里的产品目标包括用户目标、商业目标、技术目标等与产品有关的利益干系人所定义的目标。在这些目标中，用户目标和商业目标是游戏用户体验设计师经常关注的。基于不同的付费模式，游戏的用户目标和商业目标存在着不同的关系。例如，在 P2P（pay to play）的商业模式下，由于游戏玩家需要在体验游戏前一次性购买全部游戏内容，因此游戏厂商为了扩大销量，就需要创造出更好的游戏体验，此时的用户目标和商业目标都是通过提升游戏体验来实现的，因此二者是一致的。但是在 F2P（free to play）的游戏模式下，商业目标大多通过内置广告或内购来实现，因此为了更好地实现商业目标，游戏就需要通过降低部分内容的体验效果促使玩家点击广告或进行付费，此时的用户目标和商业目标就会出现冲突，而把握这种冲突关系的程度就是游戏设计者需要关注的体验内容之一。下面将针对这两种目标进行详细介绍。

6.2.1　游戏中的用户目标

在产品设计过程中用户目标是设计者的重要设计依据。但是由于游戏用户在体验游戏前很难形成明确的目标，因此在游戏设计之初，设计师更多的是基于玩家的体验偏好来设定虚拟的用户目标。由于不同玩家在体验偏好上可能存在冲突，因此应尽量考虑基于体验偏好相互接近的玩家做设计。

在《情感化设计》中，作者将用户目标划分为 3 个不同的层次：**用户体验目标**（玩家体验目标）、**最终目标**和**人生目标**。其中用户体验目标是用户使用产品时想要获得的感受，最终目标是用户使用产品所要解决的问题，人生目标则是产品满足了用户人生观或价值观方面的某些需求。

1. 用户体验目标

用户体验目标表达了人们在使用产品时所期望的感受或者与产品交互时的感觉。在产品设计中，用户体验目标主要体现在产品的流畅性、交互的便捷性以及视听效果的舒适性等方面。由于游戏的核心价值就是让玩家在游戏过程中获取特定的心理感受，因此对游戏而言，能否满足玩家的体验目标是游戏能否成功的关键要素之一。设计师可以从游戏体验的实现方式出发分析玩家的体验目标。游戏体验的实现方式大致可以分为两种，分别是**延续（某种）有趣体验**和**创造全新的体验**。对于延续某种有趣体验的游戏来说，设计师可以通过分析这种体验的乐趣点总结出玩家的体验目标。

（1）延续有趣体验

在延续有趣体验的游戏中，设计师需要关注的是游戏机制能否有效地还原或强化原有体验中的关键乐趣点。例如，以《高达》动画为题材的游戏大多为动作类游戏，因为这种游戏类型可以强化玩家驾驶高达进行战斗的乐趣，而这种体验正是《高达》动画吸引观众的核心乐趣点之一。又比如，EVA 动画在全球获得了巨大成功，但是同题材的游戏却反响平平，这是因为 EVA 的观众更关注动画中的剧情设计、人物刻画和背景知识，而通过简单套用既有的游戏类型很难还原出这些乐趣点。

除了基于体验中的核心乐趣点分析玩家的体验目标外，还可以基于玩家的游戏水平和偏好类型对这些乐趣点进行取舍，从而使游戏更符合某一类玩家的体验目标。例如《GT 赛车》系列让大量玩家感受到真实驾驶的乐趣，而《山脊赛车》则依靠强化漂移体验让玩家获得了在日常驾驶中无法实现的漂移乐趣。在这两款游戏中，前者满足了玩家感受真实驾驶乐趣的体验目标，而后者则满足了玩家感受漂移乐趣的体验目标。

由于延续有趣体验的游戏设计方法是一种对原有体验的还原或强化，因此给成功游戏制作续作或进行跨平台移植时，用户的体验目标是最容易被定义的。而基于小说、影视或动漫题材设计的游戏，则需要深入分析受众群体在这些作品中的乐趣点并思考游戏设计能否还原或强化这些乐趣点。此外，在更改某款成功游戏的类型时，也需要关注修改后的游戏设计能否满足玩家的体验目标，例如基于成功的单机游戏题材制作网络游戏时，设计师需要对原作的玩家进行访谈，寻找这些玩家在游戏中的关注点，并结合网络游戏的设计特点构建出适合目标群体的游戏体验。

总之，随着娱乐行业的产业链盈利模式逐渐成熟，游戏公司也开始认识到使用娱乐IP 的价值，但在选择 IP 时，除了关注用户规模、付费能力等市场导向的数据外，还需要关注 IP 的核心体验能否被游戏设计有效地还原出来。

（2）创造全新的体验

对于创造全新体验的游戏来说，设计师更多的是需要基于目标玩家群体的偏好和心理特征寻找能够激发其情感体验的乐趣点，通过重新整合这些乐趣点构造全新的游戏体验并确保游戏在一定程度上能够满足玩家的体验目标。例如，《侠盗猎车手》通过整合了多种流行的游戏类型创造出了高度自由的游戏体验。创造全新游戏体验的另一种方法是设计师基于游戏的互动特点，还原出无法通过其他艺术形式所表达的体验。再如，《孢子》

通过融合多种游戏类型创造了完整的物种进化体验，这种体验是玩家在日常生活中或其他影视作品中很难感受到的。而在这种全新的体验模式中，游戏用户体验设计师需要关注的是游戏体验过程中的各种乐趣点符合哪类玩家的体验偏好以及游戏中是否存在不同类型的体验冲突，导致一部分游戏内容不符合目标玩家群体的体验偏好。

| **关键点提示：** 用户体验设计师可以基于玩家的作品偏好、爱好、心理特点总结影响玩家体验的乐趣点，并将这些乐趣点整理成玩家的体验目标。

2．最终目标

用户的最终目标是指用户基于产品功能要解决的问题，例如使用写作软件完成一篇文档，使用地图导航寻找前往某地的路径。但是与使用产品不同的是，玩家进行游戏的动机大多是基于一种模糊的体验预期，而这种体验预期无法形成明确的最终目标。不过在玩家建立游戏价值观的过程中，玩家可能会根据游戏所引导的价值观形成最终目标。例如，通过特定关卡获得某件装备或获取某种资源。因此玩家在游戏中的最终目标更多体现在价值追求上。由于大部分游戏是通过不同的功能满足玩家价值追求的，因此玩家在游戏中的最终目标能否得到满足与相应功能的设计有较大关系。

在游戏设计中，玩家的价值追求是被预先设定好再通过游戏机制、视觉传达等手段传递给玩家的。由于价值追求决定了玩家的最终目标，因此设计师可以通过分析游戏机制和价值追求的关系发现玩家的最终目标，这点与互联网产品设计有很大不同。在互联网产品设计中，用户的最终目标往往是基于生活中的需求而得来的，因此用户体验设计师在确定用户的最终目标时，需要更关注用户的实际问题，而游戏用户体验设计师则更关注游戏机制对玩家的影响。例如，在互联网产品设计中，设计团队需要通过大量的用户测试来发现用户对产品的潜在需求以及使用过程中的痛点，而游戏开发过程中，设计师则可以通过游戏机制和产品的设计目标判断出玩家会有哪些需求以及他们在满足这些需求的过程中会出现哪些使用场景和使用痛点。

在确定玩家最终目标的过程中，基于游戏机制分析玩家的使用场景是一种非常重要的分析方法，因此游戏用户体验设计师对游戏机制的熟悉程度决定了其发现玩家最终目标的能力。除了基于游戏机制分析玩家的最终目标外，设计师还需要基于玩家的特点、游戏的使用场景等与现实世界息息相关的条件确定玩家的最终目标。例如，省电模式、静音模式、屏蔽其他玩家等功能。

| **关键点提示：** 玩家体验游戏的最终目标更多是基于游戏价值观产生的，因此价值观的建立过程是设计师最需要关注的内容。

3. 人生目标

在 *About Face 4* 中将人生目标定义为"用户想要成为什么样的人"，因此实现人生目标的重要方法就是让产品满足用户在人生观或价值观方面的需求。由于用户的价值观大多基于某种深层的心理需求，因此设计师需要基于人性的特点来思考产品的设计方向。例如，通过提升产品的精致程度让用户觉得产品代表了自己的品味。

在基于人生目标进行设计时，不仅需要关注用户的心理特点，还要考虑产品属性实现用户人生目标的能力。例如，iPhone 作为一种改变人们生活方式的产品很容易满足用户的人生目标。而很多与用户日常生活关联度不高或同质化比较严重的产品则需要借助强大的市场推广能力帮助用户建立起产品设计与人生目标的联系。

在游戏设计中，能够满足玩家人生目标的游戏非常有限，这主要是因为大多数游戏被定义为一种临时性的娱乐内容，因此很难与人生目标产生联系。此外，从使用频率、受众规模、用户偏好差异度和产品地位来看，游戏也很难像互联网产品那样同时满足大量用户的人生目标。虽然通过游戏实现人生目标并不容易，但是一些游戏仍然通过帮助玩家实现梦想，满足了他们的人生目标。例如，《魔兽世界》通过构建自由的探索模式和丰富的交互形式满足了玩家在魔法世界中生活的梦想。此外，当游戏成为某些人实现人生目标的媒介时，游戏也可能满足他们的人生目标。例如，电竞选手通过赢得游戏比赛实现自己的人生目标。除此之外，游戏还可能成为一种文化现象、一种社会效应、一种生活方式、一种自我价值观的延伸，在这些情况下，游戏很容易与玩家的某些深层心理需求产生共鸣，因此有可能满足玩家的人生目标。例如，前文介绍的手绘风格游戏《旗帜传说》，通过将独特的美术风格做到极致，从而让某些玩家感受到游戏能够很好地诠释出自己的美术品味，使其在审美观上与游戏产生强烈的共鸣，从而满足玩家的某种人生目标。

| **关键点提示：** 游戏可以通过满足玩家在价值观、人生观方面的需求实现玩家的人生目标。

6.2.2　游戏中的商业目标

大部分游戏都有其商业目标，这其中可能是盈利、形成品牌或其他目标，设计师需要根据游戏在不同商业目标上的侧重选择设计方案。

以实现盈利目标为例，游戏主要分为 F2P 和 P2P 这两种方式。前者主要通过向玩家灌输游戏的价值观吸引玩家付费，而后者则通过提供优质的游戏体验吸引玩家购买。在游戏实现盈利目标的过程中，用户体验设计师需要关注的是游戏设计是否与其所对应的付费模式相匹配，特别是在 F2P 游戏中，经常会出现玩家体验与商业目标在设计上相冲突的情况，此时设计师就需要基于游戏机制结合游戏在留存和付费方面的权重选择设计方案。例如，是否允许玩家付费购买某些影响游戏平衡的物品，是否采用内置广告的盈利模式减少玩家的付费压力提升玩家留存。此外，在选择不同的设计方案时，设计师还需要根据玩家的特点选择更适合的设计方案。例如，有些重度 F2P 游戏的玩家更愿意通过付费获得更好的游戏体验，因此游戏会设计更多的内购内容，而一些轻度的 F2P 玩家则更愿意通过观看广告解决问题，因此内置付费的模式对其就不适用。

对很多游戏公司来说，比盈利目标更重要的是游戏形成的品牌资产，因此有些游戏公司通过创作高品质的游戏，使游戏产品变成一种品牌，从而使游戏的内容可以脱离于游戏本身，在整个产业链中形成盈利。游戏能够形成品牌的前提是获得大量玩家的认可，而获得这种认可的最佳方法就是实现玩家的人生目标。除此之外，游戏也可以通过在机制设计、世界观设定、美术设计诸多方面进行创新或形成自己的风格，来实现游戏的品牌化策略，但前提是这些创新能够被大量玩家所接受。

| 关键点提示： 用户体验设计师需要根据游戏的商业目标特点和目标玩家的习惯偏好，思考设计方案，进行取舍。

6.2.3　基于设计目标的逐层传递，优化游戏体验

由于游戏体验主要是通过体验层、机制层和表现层传递给玩家的，因此保持设计目标在不同设计层中的统一，是保障游戏体验目标的必要条件之一。在实际设计过程中，设计师可以基于更高层的设计目标判断当前层的设计是否合理。例如，紧张刺激的赛车体验（体验层）能否通过漂移机制（机制层）的设计体现出来。复杂的游戏规则（机制层）

能否通过界面设计（表现层）被玩家准确理解。图 6-4 展示了这种体验优化思路。

通过设计目标的逐层传递不仅能够检验设计合理性，还能够解决设计上的需求冲突。例如在设计界面时，当同样重要的提示信息过多，导致重点信息不突出时，设计师可以基于游戏机制的设计目标判断哪些信息更重要，从而对信息的权重进行重新调整，解决排版问题。

图 6-4　利用高层级的设计目标检验低层级的设计效果

| 关键点提示：基于设计目标在不同游戏层级中的逐层传递概念，可以帮助设计师保持各个设计层级的目标统一。

| 思考与实践 |

1. 游戏设计中是否存在不同产品目标间的冲突？
2. 构建游戏体验目标时可以使用哪两种方法？
3. 设计师如何确定游戏的用户最终目标？
4. 如何基于设计目标的逐层传递判断设计合理性？

6.3　基于游戏场景进行设计

在交互设计中，基于场景进行设计是一种通过分析用户使用场景，发现潜在用户需求，提升产品交互体验的设计方法，这种方法也同样适用于游戏交互设计。这是因为游戏中也存在着不同的使用场景。

在游戏设计中，主要存在两类使用场景：**游戏场景**和**现实场景**。

⊙ 游戏场景是基于游戏机制和表现效果所创造出来的虚拟使用场景，玩家在游戏中的体验、行为和认知受到这些虚拟规则的影响与限制，因此它与玩家在游戏中的需求和产品目标的实现效果有着密不可分的联系。

⊙ 现实场景是玩家体验游戏时所处的现实环境，与游戏操作的舒适性有着较大联系。

在这两种使用场景中，游戏场景是用户体验设计师需要重点关注的场景，这是因为在大部分游戏中，游戏场景是影响玩家体验，建立需求循环并实现产品目标的主要场景。大多数情况下，现实场景与玩家需求联系并不密切，对产品目标的实现也起不到决定性作用，但基于现实场景类的游戏除外，如 *Pokemon GO*。下面将重点介绍如何基于游戏场景进行设计。

在基于游戏场景进行设计的过程中，设计师需要重点关注游戏机制能够创造出哪些玩家使用场景，并通过分析这些场景中的玩家需求，发现潜在的优化点，给出优化方案提升玩家体验。通常情况下，设计师可以通过 4 个步骤基于游戏场景完成设计，这 4 个步骤分别是：**归纳场景**、**分析需求**、**需求分级**、**设计优化**。

下面来分别介绍这 4 个步骤。

6.3.1　归纳场景

归纳场景的过程主要是根据游戏机制的规则设计，分析存在哪些游戏场景以及这些场景的出现频率。在归纳场景时，设计师可以通过使用 4W1H 的描述方法规范场景描述。其中，4W1H 分别表示：用户情况（Who）、使用时机（When）、所处位置（Where）、需要做什么（What）、如何做（How）。

下面以装备强化界面的设计为例，介绍如何对该界面的两个主要场景进行规范化描述。

场景 A：大量可强化装备。40 级玩家（Who）装备属性强度不足时（When），在装备强化界面（Where）中，使用单件装备强化功能（How），强化大量装备（What）。

场景 B：装备强化材料不足。40 级玩家（Who）装备属性强度不足时（When），在强化界面（Where）中，获取材料（How），进行装备强化（What）。

从上面的案例可以看到，通过 4W1H 的场景描述方法，我们不仅可以确保每个使用场景描述中都包含了关键的场景信息，还能更加清晰地掌握不同使用场景的差异点，以及是否存在场景统计上的遗漏。此外，由于场景描述更加清晰，设计师还可以同策划更加精确地确定各个场景的出现频率，从而准确掌握不同场景的设计权重。表 6-1 展示了装备强化界面的场景出现频率。

表 6-1　场景出现频率

场景	出现频率
场景 A：大量可强化装备	30%
场景 B：装备强化材料不足	70%

从表 6-1 不难看出，场景 B 是出现频率较高的场景，因此在后续的设计中，应该将该场景作为体验设计的重点。此外，由于场景 A 的出现频率较低，所以当两个场景出现设计冲突时应该优先照顾场景 B 的体验设计。

在归纳场景的过程中，设计师还可以基于游戏场景描述，确定其中是否存在不符合游戏体验目标的情况，从而帮助策划优化机制设计。例如，在装备强化的使用场景中，如果玩家在 40 级时有大量强化材料的场景出现，这样的频率并不符合游戏体验目标，则需要考虑材料投放数值的设计是否合理。

在场景归纳完成，且所有场景都满足游戏体验目标要求后，设计师就可以基于不同的使用场景分析其中的玩家需求了。

6.3.2　分析需求

分析需求的过程是指设计师基于游戏场景描述，找出玩家在对应场景中的潜在需求。在寻找玩家需求的过程中，设计师可以通过寻找不同游戏场景在 4W1H 中的差异点，找出玩家在该场景中需要解决的问题，并通过分析玩家遇到的问题确定玩家需求。例如，在装备强化的案例中，场景 A 和 B 在 Who、When 和 Where 方面都是一样的，不同的是 What 和 How 方面存在差异，因此设计师只要重点关注这两个差异因素，就能快速确定对应场景的玩家需求。具体思路如下。

在强化装备的案例中，场景 A 在 4W1H 上的差异主要体现在 "使用单件装备强化功能（How），强化大量装备（What）"，因此，我们不难发现玩家在该使用场景中面临的问题可能是：

1）操作烦琐。玩家需要反复进行强化操作；

2）选择困难。玩家不知道优先强化哪件。

基于这两个问题，我们可以认为玩家至少存在两个需求：

1）快速强化多件装备；

2）集中强化性价比最高的装备。

基于这两个需求，设计师可以同策划进行进一步沟通，确定游戏在机制设计上是否真的会促使玩家产生这两种需求。假设在本案例中，不同部位的装备使用的强化材料各不相同，那么玩家集中强化某件装备的需求就会很少出现。因此我们最终确定玩家在场景 A 中只有快速强化多件装备的需求。除了关注场景差异产生的需求外，设计师也需要注意场景中是否存在一些通用需求或常规需求，如表 6-2 所示。

表 6-2　记录场景出现频率及对应需求重要性

场景	出现频率	需求	需求重要性
场景 A：大量可强化装备	30%	快速强化多件装备	3
		退出界面	1
场景 B：装备强化材料不足	70%	购买材料强化装备	3
		对比装备强化效果	2
		退出界面	1

表 6-2 展示了不同场景的出现频率，玩家需求及重要性。从表中不难看出，由场景差异所产生的玩家需求大多属于重要性较高的需求，这是因为场景差异在多数情况下直接或间接地体现了玩家所面临的主要问题，而这些问题恰恰决定了玩家的关键需求。如果进一步分析，我们还会发现这些需求也是对游戏实现产品目标影响较大的需求。这是因为从游戏的定义来看，玩家解决游戏问题的过程也是实现产品目标的过程，因此在分析需求重要性时，设计师还可以基于玩家需求对产品目标的影响程度进行一定的分数调整，从而使得需求的重要性评分能够在玩家体验和产品需求之间达到平衡，使得设计发挥更大的价值。

通过分析场景中的玩家需求，设计师可以更准确地把握住不同游戏场景的需求重点，从而聚焦在设计价值更高的玩家需求上。

6.3.3　需求分级

通过确定场景的出现频率以及确定需求的重要性，我们已经可以确定哪些场景是需要重点关注的，哪些需求是需要着重解决的。但是在有些情况下，由于不同场景中的设计存在一定的关联性，因此如果只关注某个场景中的需求，反而会与其他场景中的需求设计产生冲突，导致顾此失彼。为此我们需要一种脱离场景限制，关注需求本身的分级方法，需求分级就是用于解决这个问题的。

　　在需求分级过程中，设计师可以用场景出现频率乘以需求的重要性，得出所有需求的设计优先级，下面继续以装备强化界面的设计为例，确定玩家需求的设计优先级，如表 6-3 所示。

表 6-3　设计优先级统计表

场景	出现频率	需求	需求重要性	设计优先级
场景 A：大量可强化装备	30%	批量强化装备	3	0.9
		退出界面	1	0.3
场景 B：装备强化材料不足	70%	购买材料强化装备	3	2.1
		对比装备强化效果	2	1.4
		退出界面	1	0.7

　　从表 6-3 中可以看到，购买材料强化装备的需求是所有需求中最重要的，而批量强化装备的需求甚至排在了对比装备强化效果后面。不仅如此，当我们把两个场景中的设计优先级求和后会发现场景 B 的整体设计优先级高于场景 A。因此当设计师在进行交互设计时，就应该将场景 B 作为默认设计状态，重点关注购买材料强化装备的玩家需求。

　　基于对设计优先级的排序，设计师就可以从单个玩家需求出发，进一步明确对设计师最重要的关键需求是什么，进而将其作为重点设计优化对象。

6.3.4　设计优化

　　前面已经通过需求分级确定了玩家的关键需求和主要的使用场景。接下来，设计师就可以针对重要性较高的需求进行优化。

｜关键点提示： 在设计优化时，应该优先关注重要场景中的关键玩家需求，因为这些需求对游戏体验的影响更大。

　　在实际工作中，设计师主要通过两种方法进行设计优化：需求流程优化、换位思考优化。

1. 需求流程优化

设计师可以通过分析玩家满足自身需求的流程，思考能否在易用性、易学性或情感体验上进行设计优化，从而提升游戏体验。其中，玩家满足自身需求的流程中主要分为3种：玩家操作流程、认知流程和事件进程。玩家操作流程是指玩家满足自身需求所需的操作步骤。认知流程是指玩家在此过程中的认知变化流程。事件进程是指事件状态的客观变化。下面继续以装备强化为例，来说明如何基于不同流程进行设计优化。

1）**确定需求流程**：在场景 A 中，玩家的需求是批量强化装备，则玩家的操作流程是：打开强化界面→选择可强化装备→反复点击强化按钮直到无法强化→关闭强化界面。认知流程是：认识到需要强化装备→知道需要强化哪件装备→知道材料足够→强化后知道实力增强。事件进程是：装备未强化→装备已强化。

2）**确定优化方案**：从这 3 个流程不难看出，操作流程中的步骤大多对应了易用性的优化，认知流程则大多与易学性设计相关。事件进程可以和情感化设计建立联系。下面以操作流程的优化为例，介绍如何进一步确定优化方案。

从操作流程上不难发现，玩家在批量强化装备时，选择装备的步骤和反复点击强化按钮的操作步骤非常烦琐，因此如果优化方案能够减少这些操作步骤，就能提升强化操作的易用性。本例中，可以在优化方案中增加一键强化功能，让玩家通过一次操作强化所有装备，使得优化后的操作流程变为：打开强化界面→点击一键强化按钮→关闭强化界面。从该流程可以看出，玩家选择装备和强化装备的操作步骤被大幅简化，因此操作的易用性得到了有效提升。但是为了避免产生额外的设计风险，我们还需要对优化方案进行检查。

3）**基于体验目标检查优化方案**：由于优化方案可能会对其他的游戏体验产生影响，因此在确定了优化方案后，设计师还要检查优化方案是否符合相关场景的体验目标。下面继续以基于场景 A 的优化方案为例，介绍如何基于体验目标检查优化方案。

假设场景 A 的体验目标是让玩家在连续强化装备的过程中获得爽快的成长感，并强化其对装备材料的价值认知。基于该体验目标，我们不难发现一键强化的功能无法实现连续强化的体验效果，因此玩家的成长体验也会减弱。此外，由于一键强化会导致材料被瞬间消耗，因此玩家在强化装备的过程中对材料消耗的概念也会被弱化，使得材料的价值感不突出。综合来看，一键强化的方案虽然解决了玩家批量强化装备的需求，但是对场景 A 的体验目标产生了负面影响，因此该设计并不适用。基于以上分析，设计师如果想既能满足玩家需求，又能保障场景体验目标，就需要在优化方案上做出平衡，让玩家通过更少的操作步骤也能感受到装备连续强化、材料持续消耗的强化体验。例如，在装备强化按钮上增加长按可持续强化装备的功能，从而使连续强化装备的爽快感和材料持续消耗所产生的价值感都得到了保留，并且玩家的操作效率也得到了提升。

综上，通过这种基于场景体验目标的优化方案检查，设计师可以在保障场景体验的情况下给出更加恰当的优化方案。

2. 换位思考优化

换位思考是指从非玩家角度出发，分析满足玩家需求的过程能否用于满足其他方面的需求，从而挖掘出设计优化点。下面继续以装备强化为例，来说明这种换位思考的优化方法。

在装备强化材料不足的场景中，玩家会产生获取材料的需求，此时如果从商业角度出发，就可以考虑如何利用玩家需求提升游戏的付费效果。例如，在强化界面中显示材料优惠活动信息，鼓励玩家付费购买材料，从而让游戏在满足玩家强化需求的同时，提升付费量。

基于场景进行设计的方法是设计师优化设计体验的一种基本思考方法，也是设计创新的有效手段。在实际设计中，设计师并不需要严格按照归纳场景、发现需求、需求分级、设计优化的 4 个步骤进行，只需将这 4 个步骤中的核心思考点融入自己的设计思维中即可。例如，在 5.1 节中，应用了大量基于场景进行设计的方法，但是并没有严格按照这 4 个设计步骤进行设计。

| 思考与实践 |

1. 在游戏设计中设计师需要同时关注哪两种场景？
2. 基于游戏场景进行设计的步骤有哪些？
3. 归纳场景中的 4W1H 代表什么？
4. 需求分级的作用是什么？
5. 基于场景寻找潜在优化点的方法是哪两种？

6.4 优雅的设计

优雅的设计是指那些通过优美而简约的设计语言，高效地实现设计目标的设计。在很多互联网产品的交互设计中，优雅的设计体现在界面设计的简约性和实用性上。设计师通过"少即是多"的设计原则，不仅使界面看上去更加简约，还有效地让用户将注意力集中到关键信息上，从而降低了理解成本，提升了使用效率。优雅的设计方法同样适用于游戏设计，但是由于游戏中的设计目标大多需要基于游戏机制才能实现，因此为了在游戏中实现优雅的设计效果，设计师需要从游戏机制层面着手思考设计方法而不能仅从界面功能上思考优化方法。在游戏设计中，可以从以下几个方面思考如何确保设计的优雅性：① 目标聚焦；② 机制高效；③ 界面简洁；④ 操作有趣。

6.4.1 目标聚焦

目标聚焦是指设计师将设计目标聚焦于解决关键问题，从而减少后续设计的复杂程度。在游戏设计中，目标聚焦可以减少机制层和表现层的设计复杂度，从而为优雅的设计创造有利的条件。

为了实现目标聚焦，设计师要先学会找出关键问题。然而发现关键问题并不是一件容易的事情，因为在实际工作中，设计师会面临大量看似急需解决的设计问题，例如来自游戏设计文档的设计需求，运营统计数据得出的重要结论或者行业专家的经验建议。这些问题看似都很重要并急需解决，但是如果针对每个问题都给出解决方案，势必会使设计变得过于复杂，导致设计师陷入"**表象设计误区**"。在实际工作中，问题的严重程度越高，可信度越强，设计师越容易针对具体问题进行设计，从而忽视了真正需要解决的问题。此外，表象设计不但会增加设计的复杂性，降低用户体验，而且还很难从根本上解决游戏中的问题，因为根据 80/20 原则，大部分问题只是关键问题的另一种表现形式，解决 80% 的表象问题并不能解决关键问题。所以正确的做法是，当设计师面对大量问题时，要先找出它们之间的逻辑关系并发现关键问题，再将设计目标聚焦于解决关键问题上，从而通过更少的设计手段一次性解决全部问题。

| 关键点提示： 根据 80/20 原则，如果将设计目标聚焦于解决关键问题，就可以利用较少的设计手段一次性解决大量问题，为优雅的设计创造有利条件。

以副本组队为例，在很多游戏中采用了房间制的副本组队机制。该机制要求玩家创建一个房间，等待或邀请其他玩家进入房间，当房间内的人数达标后玩家就会进入副本。在此设计中，如果设计师将设计目标聚焦于提升房间制的组队体验，就需要面对由此产生的大量场景体验问题，例如在什么情况下鼓励玩家建立房间，何时鼓励玩家加入其他房间，如何让玩家正确选择适合自己的房间，如何帮助玩家找到适合的队友等。不仅如此，这些问题很难通过通用的设计方法解决，因此设计师就需要针对这些问题进行单独设计。例如，在房间数量较少的时候，将创建房间按钮放在界面的主要位置，在房间较多时，突出显示适合玩家的房间信息并且弱化创建房间按钮，在房间界面中增加职业搭配提示，允许玩家在自己的房间中添加公告以及设置准入条件，避免不符合要求的玩家进入房间等。随着需要解决的问题越来越多，房间组队的设计方案也会变得越来越复杂，玩家的理解成本和使用难度也会随之提升，反而降低了玩家体验，因此提升房间制的组队体验是一个表象设计误区。图 6-5 展示了产生这种设计思路的思维逻辑。

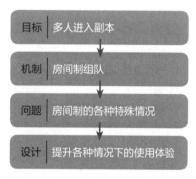

在这个案例中，当我们将设计目标设定为提升房间制组队的体验时，会发现有待解决的问题与"多人进入副本"的机制设计目标并没有直接关联，因此设计师的设计效率会非常低。

图 6-5　房间制组队的表象设计误区

| 关键点提示： 当设计师通过解决某个问题却很难直接影响机制目标时，就很可能陷入了表象设计误区。

为了提升设计效率，设计师需要找出能够直接影响机制目标的问题。从图 6-5 中不难发现，如果我们跳过游戏机制部分，将设计目标聚焦在提升多人进入副本的体验上时，就能直接影响机制目标，达到设计效率的最大化。此外，将设计目标聚焦于机制目标时，设计师就可以通过调整游戏机制一次性解决大量的场景体验问题。所以提升多人进入副本的体验效果才是本次设计需要解决的关键问题。问题分析思路如图 6-6 所示。

图 6-6　房间制组队的本质问题

图 6-6 展示了设计师将基于副本组队的设计目标聚焦于提升多人进入副本的体验。如果进一步思考，我们还会发现，该设计目标的衡量标准并不容易界定，因为我们没有明确的判断标准。为此我们可以将设计目标调整为更易衡量的设计指标，例如减少玩家进入副本的等待时间和操作步骤。

| **关键点提示：** 在设计中，应该尽量将设计目标聚焦于易于统计的指标上，例如某种行为结果的出现次数或某个需求的满足效率。因为这种目标不仅更容易帮助设计迭代，还能更具指导性，从而使设计方案更有针对性。

6.4.2 机制高效

机制高效意在使用较少的规则实现设计目标，所以目标聚焦是实现机制高效的前提，因为需要解决的问题越少，需要的规则数量越少。**在实际设计中，机制高效主要体现在用户认知层面和逻辑实现层面。**用户认知层面的机制高效是指需要用户掌握的信息量和操作量更少，从而减少用户的精力付出。逻辑实现层面的机制高效是指实现设计目标的规则要简单高效，尽量降低逻辑复杂度，提升运行时的稳定性。在用户体验设计中，设计师主要通过提升前者的认知效率，实现提升用户体验的目的。需要注意的是，为了提升用户认知层面的体验，设计师往往需要调整逻辑实现层面的机制设计。例如，搜索引擎只向用户展示搜索输入框，但是其逻辑实现层的搜索逻辑为此做得非常复杂。

在游戏设计中，设计师同样需要通过确保认知层面的机制高效，降低用户理解成本，提升游戏体验。我们继续以副本组队的设计案例为例来介绍如何做到机制高效。在目标聚焦的部分，我们将副本组队的设计目标定义为"优化多人进入副本的体验"，为了使该目标的定义更加清晰，我们又将其调整为"减少玩家进入副本的等待时间和操作步骤"。基于该设计目标，我们可以思考如何通过最少的操作帮助玩家快速地组到适合的队友，为此可以从设计目标出发，结合玩家的使用场景思考副本匹配中需要解决的问题并确定机制设计。图 6-7 展示

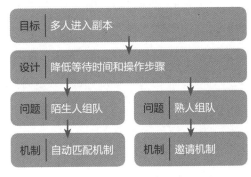

图 6-7 机制设计思路

了基于设计目标确定机制设计的方法。

在这种设计思路下，游戏机制用于解决设计问题，而设计问题又服务于提升游戏体验的设计目标，因此机制设计可以更有效地提升副本组队的体验效率。此外，由于设计目标拥有具体的量化标准（减少玩家等待时间和操作步骤），因此机制设计能够更有针对性，通过减少低效规则设计，进一步提升机制效率。例如在图 6-7 中，基于设计目标，设计师使用自动匹配机制替代了房间制的匹配机制，该机制在认知层面既可以减少玩家的操作，又能大幅缩减玩家的等待时间，因此自动匹配机制更符合提升玩家体验的设计目标。此外，自动匹配机制的使用场景数量要小于房间匹配机制，设计师只需考虑发起匹配的玩家组队状态，并且不需要设计太多单独的机制去处理这些状态。例如，自动匹配机制下只能由单人玩家或队长发起匹配，它会自动匹配未组队的单人玩家。但是房间制就需要考虑如何处理已经组队的玩家申请加入某个房间的情况。更少的使用场景使得自动匹配机制在实现层面的稳定性也更高，所以在副本匹配的设计中，自动匹配机制在认知层面和实现层面都更加高效。

│ 关键点提示： 通过认知层面和实现层面的机制高效性来判断新设计的机制是否更优。

在设计机制时，要尽量选择在认知层面和实现层面都更高效的机制。当设计师只能选择其中一个时，优先考虑认知层面的机制高效性，因为该层面的机制设计对用户体验的影响更加明显，而实现层面的机制高效则体现在功能稳定性方面。在设计时，设计师需要结合游戏整体的体验需求进行适度的取舍。

6.4.3　界面简洁

界面简洁是指界面设计能够通过少而精的信息内容，向玩家高效地传递游戏价值。实现界面简洁的手段主要包括梳理信息架构和优化视觉设计。其中，梳理信息架构是指根据设计目标和玩家需求，对界面信息进行筛选、分组和重要性排序。优化视觉设计是指根据游戏的文化特点，对界面的信息内容和风格进行调整，使其更符合游戏体验目标。在实际设计中，设计师可以从可用性、驱动性和体验性方面，寻找提升界面简洁性的优化点。图 6-8 展示了基于可用性、驱动性和体验性优化界面设计时需要关注的内容。

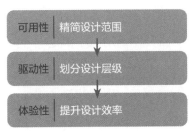

图 6-8　提升界面简洁性的思考顺序

可用性：可用性是指界面能够完整呈现玩家所需的信息和功能，确保界面可以满足玩家需求。由于界面可用是实现设计目标的基本条件，因此可用性决定了界面的设计范围，即界面中需要展示的信息和功能。设计师可以基于不同场景中的可用性需求精简界面中的冗余信息和功能。例如，去掉多余的规则描述，在不同场景中切换按钮的使用状态，减少按钮数量。

驱动性：驱动性是指界面通过展现不同的信息，影响玩家的价值取向，使其行为符合既定的设计目标。由于界面的主要作用是引导玩家形成符合预期的游戏行为，因此我们可以根据不同信息在驱动性中的重要性划分设计层级，突出重点信息，弱化次要内容，在提升界面影响力的同时降低界面的复杂度。例如，F2P 游戏中的优惠活动突出的是打折物品和折扣力度等鼓励玩家购买的内容。物品收集类界面则更多地突出了当前藏品的内容、收藏进度等鼓励玩家继续收集的信息。

体验性：体验性是界面在易学性、易用性和情感化设计方面的综合体现。在界面设计中，同时提升这 3 种属性有时需要运用大量的设计方法，从而造成设计冲突，导致界面体验下降。因此为了确保界面设计的简洁，设计师需要在设计前对这三者进行重要性排序，优先关注重要性较高的设计方向，提升设计效率，减少低效的设计手段。例如，在设计高频使用的装备制作界面时，易用性是最重要的。在设计战斗界面时，情感化体验是最重要的。

最后，我们通过两种游戏的界面设计，来说明界面简洁设计的实际应用思路，如图 6-9 所示。

在该界面设计中，设计师去掉了

图 6-9　战争题材游戏的界面设计示例

大量与游戏机制无关的信息，这其中包括大量的界面边框、弹窗等没有实际意义的信息（可用性）。此外，游戏界面通过不同的颜色和信息排版形式清晰地标出了战况信息，帮助玩家快速掌握当前战况，引导其做出正确选择（驱动性）。最后，界面采用了科技感很强的风格，突出了游戏近现代战争题材的世界观，与游戏内容融为一体，在保障界面易用性的同时提升了情感体验（体验性）。

除了采用极简信息量的设计方式外，有些游戏也会根据世界观的体验需求使用更为复杂的界面设计，在应用这种设计风格时，设计师要注意设计的易用性、驱动性和体验性随时间变化的趋势是否满足玩家的体验需求。例如，《女神异闻录5》的界面设计除了满足游戏机制需求之外（可用性），还增加了大量的流行元素用于突出游戏独特的世界观背景（体验性）。这种设计提升了界面对玩家的吸引力，增加了玩家体验游戏的动力（驱动力），但是随着玩家游戏时长的增加，部分界面为了情感体验而舍弃了易用性的问题也逐渐暴露了出来。

最后值得注意的是，认知层面的机制高效是保障界面简洁的重要前提，因为机制设计决定了界面的信息构成。

6.4.4　操作有趣

操作有趣是指玩家在操作界面的过程中能够获得操作目标之外的乐趣。由于游戏是一种注重过程体验的产品，而操作行为又是游戏有别于其他娱乐形式的重要组成部分，因此核心操作的乐趣性对游戏体验有着巨大影响。通过提升操作过程的乐趣性，可以使其既满足实用性又拥有乐趣性从而体现优雅的设计感。

在实际工作中，设计师可以通过增加操作的仪式感或者还原有趣的操作体验来提升操作的乐趣性。

1. 增加仪式感

仪式感是一种在操作过程中产生的，非实用性的心理体验集合，它可以同时包含新鲜感、庄重感、价值感、成就感、使命感等多种心理体验。设计师可以基于游戏的文化背景和操作特点寻找可以增加仪式感的设计点。但是在创造具有仪式感的操作步骤时，需要兼顾操作的易用性与易学性，避免出现为了创造仪式感造成游戏难以上手或操作不便的情况。

在设计具有仪式感的操作体验时，操作的功能性更多是被包装成一种游戏文化体验过程。例如，游戏《阴阳师》将抽卡的操作设计成画符的过程，实际是将抽卡这种收益性操作转化成了进行召唤仪式的文化体验行为。基于此案例，我们可以总结出一种通用的仪式感设计思路，即设计师可以基于玩家的操作目标、操作流程以及文化背景分步思考增加操作仪式感的方法，具体思路如下。

1）基于玩家的操作目标可以确定对玩家心理影响力较高的部分，对此部分进行仪式感包装可以带给玩家更强的情感体验。

2）根据玩家操作的流程可以确定增加仪式感时所允许调整的操作步骤，避免造成易用性大幅下降，影响设计的实用性。

3）基于游戏的文化背景可以选出更为恰当的文化包装，从而提升玩家的文化代入感。

下面以武侠题材的装备制造为例，说明如何通过分析操作目标、操作步骤和文化背景，增加操作仪式感。在此案例中，假设玩家可以通过消耗材料，随机制造出不同品质的装备。由机制可知，玩家的操作目标是打造更好的装备，因此制造结果对玩家的心理影响力最高。其次，基于游戏机制可以判定该操作只需一步即可完成（选择要制造的装备）。最后基于武侠题材的游戏文化，我们发现古代的装备制造过程大致可以分为选型、炼钢、铸型、锻打、磨制、冷却等多个步骤，如果让玩家一次完成所有的步骤，虽然可以提升文化代入感，但会大幅降低操作易用性，所以只能将仪式感最强的步骤引入制作的操作过程中。通过思考各个操作步骤对玩家的心理影响力、文化标志性和操作难度，可以考虑在选择装备的步骤之后引入锻打的操作。这是由于锻打操作拥有较大的操作自由度，能够使玩家在操作方式和随机结果之间建立起很强的心理联系，从而对玩家形成很强的心理影响力。此外，锻打操作是冷兵器制造的一个核心步骤，在影视作品中的曝光率很高，所以不仅能给玩家创造很好的文化代入感，还很容易掌握。最后，我们还需要丰富整个操作过程的仪式感，确保仪式感能够很好地体现出来。因此，玩家在完成选择装备的操作后，会先看到一段自动播放的铸造动画，用于渲染制作过程的整体文化氛围，再让玩家进入锻打步骤，手动完成锻打操作并得到随机产出的装备。

| **关键点提示：** 我们可以通过引入对玩家心理影响力很高且具有强烈文化色彩的操作，创造操作仪式感。

2. 还原有趣的操作体验

还原有趣的操作体验是指通过模拟玩家期待的操作体验创造操作乐趣。这种设计方法大多应用于模拟游戏中，例如 Xbox 游戏《铁骑》为了模拟出机器人的操作体验，随游戏附赠了专属操作台。因为此类游戏的体验目标是还原某种玩家期待的操作体验，所以操作方式的还原度对玩家体验有着非常重要的影响。此外，在还原有趣的操作体验时，设计师还需要关注游戏平台的操作方式与模拟对象之间的异同点，从而基于游戏平台的操作特点，创造独特的操作乐趣。例如，《愤怒的小鸟》和《水果忍者》利用触屏手机的直接操控优势，模拟出了弹弓弹射和快速挥刀的操作体验。PS4 中的射击操作大多通过手柄上的 R2 键模拟扣动扳机的操作体验。在这些基于平台操作特点创造独特体验的设计中，不得不提的是任天堂利用 NS 游戏机手柄可拆分的特点，推出的 *LABO* 系列，该系列利用纸板和游戏机手柄的搭配组合出了方向盘、鱼竿、钢琴等不同的控制器形式，从而还原了大量新奇有趣的操作体验。

除了基于硬件特点模拟出有趣的操作体验外，设计师还可以通过软件的交互设计实现类似效果。这种设计方法旨在基于硬件平台的操作限制，将操作中的核心乐趣传递给玩家，因此在设计上通用性更强，但需要设计师对模仿对象有更深入的了解。类似的设计方式在体育类游戏中被广泛应用。例如在高尔夫球游戏中，挥杆击球的操作是构成该项运动乐趣的重要体验过程，但是受到输入设备的限制，很多游戏无法还原这种操作。因此为了有效还原出高尔夫球运动的体验乐趣，设计师需要确定影响玩家挥杆操作乐趣的深层因素，并通过还原这些因素来创造击球时的操作乐趣。基于对高尔夫球运动的分析，可以发现击球时的乐趣是对各种动态因素综合判断的集中反馈，如最佳的挥杆时机、挥杆力度以及选择适合的球杆都在击球的一瞬间获得验证。因此游戏虽然不能完全还原击球时的挥杆操作，但是也能通过还原击球力度的变化、球场环境的差异、球杆的特点等影响击球效果的因素，创造出击球操作的乐趣。除了单人体育游戏外，在篮球、足球等多人体育游戏的设计中，游戏也将操作时机和战术策略转化为游戏的体验策略，而弱化了真实的控球操作。

| **关键点提示：**从现实的操作乐趣中提炼核心情感体验并予以还原也能提升游戏的操作乐趣。

在设计操作体验时，设计师还可以基于游戏的体验特点和机制设计，同时应用以上

两种设计方法，创造更加丰富的操作乐趣。例如，在模拟驾驶太空战机的游戏中，设计师既可以在操作过程中引入大量的科幻文化概念以提升操作仪式感（如虫洞穿越的准备步骤、行星引力下的轨道纠偏），也可以通过模拟现代战机的操作模式还原有趣的操作过程。

最后，优秀的操作体验需要设计师投入大量的时间去思考如何将游戏机制与玩家偏好有机地结合起来，因此重点关注那些对游戏体验影响较大的操作设计，将起到事半功倍的效果。

| 思考与实践 |

1. 实现优雅设计的思考方法有哪些？
2. 目标聚焦的设计方法是如何实现的？
3. 机制高效应该体现在哪两个层面？
4. 设计师应该从哪 3 个方面思考如何提升界面的简洁性？

6.5　本章小结

本章重点介绍了游戏设计中经常用到的交互设计思维，其中心理模型与实现模型的概念可以帮助设计师更好地理解玩家对游戏产生认知偏差的原因。利用这种原理，设计师既可以通过让实现模型更接近玩家心理模型的方法来降低游戏的学习成本，也可以引导玩家构建出符合游戏实现模型需求的心理模型，进一步引导玩家行为。此外，我们还介绍了游戏设计的实现模型其实是设计者的一种心理模型，因此既懂游戏设计方法，又了解目标玩家需求的设计者才更容易设计出高效的实现模型。

在目标导向设计中，我们介绍了用户目标和商业目标在游戏设计中的体现方式，并介绍了目标导向设计在游戏各个设计层面的传递方式。我们将用户目标分解成了用户体验目标（又称玩家体验目标）、最终目标和人生目标。其中用户体验目标在游戏中所反映的是玩家的一种体验预期，设计师可以基于玩家的作品偏好、爱好、心理特点总结影响玩家体验的乐趣点并将这些乐趣点整理成玩家的体验目标。最终目标则体现了游戏在玩家心中所建立的内在价值目标，这些目标是由游戏本身的价值观所驱动的。人生目标则是游戏在体验设计上与玩家深层次的人生观、价值观的共鸣程度，也是对玩家吸引力最强的一种目标。

在基于场景进行设计的部分，重点介绍了设计中的 4 个主要步骤：归纳场景、发现需求、需求分级和设计优化。这种方法的核心思路是专注于设计高频场景中的核心功能，并基于游戏的体验目标和换位思考的方式找出潜在的设计优化点。

最后，在优雅的设计中，介绍了优雅的设计就是用优美而简约的设计语言，高效地实现设计目标的设计。在游戏设计中，要想实现优雅的设计就需要做到目标聚焦、机制高效、界面简洁和操作有趣。这 4 条中的每一条都是后一条实现优雅设计的基础。

通过本章，我们期望设计师可以将交互设计思维有效地融入游戏设计或体验分析工作中，从而形成一套更加科学的思考方式。

游戏设计思维是游戏实现产品目标的设计思路，它不仅是游戏体验层、机制层和表现层的设计依据，还是分析设计问题的参考标准。

需求循环和选择模型是两种应用非常广泛的设计思维，主要分析游戏内容能否建立起有效的玩家需求，并使其产生有效的游戏行为。本书第二部分已经介绍了这两种思维方法的应用案例，本章旨在将其中的核心思想提炼出来并归纳成更通用的设计思维。

7.1 需求循环

在游戏设计中我们将游戏反复建立玩家需求，并促使玩家产生有效游戏行为的循环过程称为**需求循环**。图 7-1 列出了需求循环的基本原理。

在图 7-1 中，建立需求的部分将玩家的某种体验需求转化为特定的需求目标。并促使其产生相应的追求目标。满足需求的部分则用于

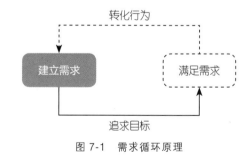

图 7-1　需求循环原理

将这种目标转化成游戏所需的玩家有效游戏行为，如玩家的留存或付费。

在所有需求循环中，最简单的是单循环。这种循环由一个需求建立部分与一个满足部分完成行为转化，例如在赛车游戏中，玩家为了获得更好的赛车（需求），而反复比赛

（行为）。在 RPG 游戏中，玩家为了体验游戏的故事内容（需求），而提升角色实力（行

为）。为了便于读者理解，我们在图 7-2 中列

出了 RPG 游戏需求循环的原理。

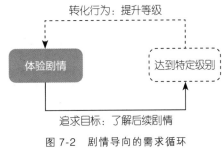

图 7-2　剧情导向的需求循环

在实际应用中，图 7-2 所列的单循环是分

析需求循环的基础单元。在大部分情况下，无

论多么复杂的需求循环都可以拆分成单循环，

但是这种循环方式在游戏设计中应用得很少，

因为单循环无法适应不同玩家的体验需求。为

了解决这个问题，游戏设计者经常会采用多条

件循环的设计。这种需求循环可将玩家的追求目标拆分成多个满足条件，从而增加转化

行为的数量，以实现多个设计目标。例如在 F2P 游戏中，设计师将制造装备所需的材料

分成多个，玩家既可以通过参与不同的游戏内容获得这些材料，又可以直接付费购买。

这种设计方式不仅将单一追求目标转化了多个玩家行为，并且给予玩家一定的行为自主

性。玩家可以在参加活动和付费两种有效游戏行为间任意选择，从而同时优化了活跃玩

家和付费玩家的游戏体验。图 7-3 列出了装备制作的多条件循环设计示例。

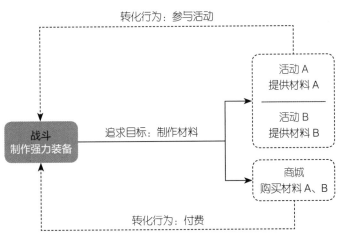

图 7-3　多条件需求循环

除了多条件需求循环外，游戏设计中还经常会出现重叠型需求循环。这种需求循环

中的游戏内容不仅是某些需求的建立部分，也是其他需求的满足部分。图 7-4 展示了重

叠型需求循环的设计原理，在该设计中，玩家可以通过战斗占领新的地区，并通过探索

这些地区解锁新的兵种和剧情。从图中可以看到，游戏的战斗和探索内容分别建立了不同的玩家需求并互相满足。

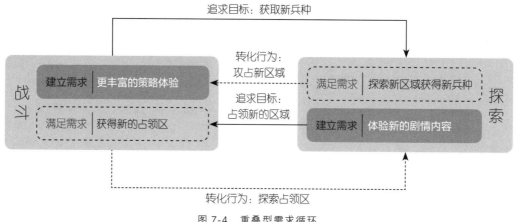

图 7-4　重叠型需求循环

在这种设计中，由于每个游戏内容都能建立需求，因此玩家需求的建立频率得到了增加，从而使得游戏的吸引力得到了提升。此外，由于每个游戏内容又能满足其他内容建立的需求，因此玩家的参与动力也随着利益驱动的出现得到了增强。除了在游戏内容体验上的提升外，重叠型需求循环还能够令玩家的游戏行为兼具追求目标过程中的乐趣性和转化行为中的商业性，从而使玩家更愿意做出有效游戏行为。

通过以上的例子我们不难发现，游戏的需求循环之间虽然会存在很大的差别，但它们的基本构成单元都是类似的，因此我们可以将不同的需求循环拆分成若干个基础循环，并通过优化这些基础单元的体验来提升整体需求循环的设计效率。在优化时，重点需要思考 3 个方面：① 合理性；② 过程体验；③ 理解成本。

7.1.1　关注需求循环的合理性

合理性是指需求循环中的需求建立部分和满足部分符合产品目标需求的程度。在分析需求循环的合理性时，我们要从产品目标倒推出合理的需求循环，从而确定现有循环的设计问题。在具体分析过程中，设计师需要先分析需求满足部分的合理性，再判断需求建立方式的有效性，这是因为在倒推过程中，应该先确定需求满足部分的行为能够有效实现产品目标，才能确保后续的需求建立部门建立有效的玩家追求。下面将分别从这两个方面介绍如何优化需求循环的合理性。

1. 判断需求满足部分的合理性

我们通过一个活动奖励的案例来介绍如何判断需求满足部分的合理性。图 7-5 展示了某个活动的奖励循环，该循环的设计初衷是通过奖励驱动提升玩家参与活动的比例。

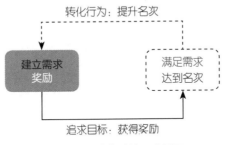

图 7-5　活动奖励的需求循环

从图 7-5 中不难判断，由于满足玩家需求的条件是达到相应的名次，因此玩家的转化行为是基于活动机制提升自己的名次。通过对这种行为模式的进一步思考不难发现，对于无法达到奖励名次的玩家来说，奖励内容变成了一种负面体验，因此这部分玩家的参与积极性反而会下降。此外，当玩家以提升名次为目标时，便会希望减少竞争者，所以在这个需求循环中，玩家不仅不会鼓励他人的参与，甚至还可能会阻止别人参与。综合这两类影响结果，我们不难发现，在基于名次发放奖励的需求满足条件下，奖励越好，无法拿到名次的玩家体验越差，参与意愿越低，反而与设计初衷相悖。为了解决这个问题，**我们可以先确定哪些游戏行为能够提升活动参与率，再以这些行为结果为目标，推导出相应的需求满足条件**。图 7-6 展示了修改后的需求循环。

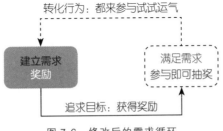

图 7-6　修改后的需求循环

从图 7-6 中不难看出，我们保持奖励的吸引力不变，但是将获得奖励的方式改为了参与即可抽奖的形式。那么这个设计能否提升玩家的参与率呢？下面，我们将从有效游戏行为的结果出发，反推这个设计是否更加合理。

前面我们提到，在思考需求满足条件的合理性时，设计师可以从有效游戏行为的结果出发，推导能够影响玩家产生这些行为的需求满足条件。在本案例中，我们可以发现，让每个玩家都愿意参加游戏活动是我们需要的有效游戏行为。紧接着，我们需要思考能够引导这种行为的需求满足条件应该是什么。我们可以从需求的强烈程度和玩家满足需求的成功率两个方面来考虑这个问题。其中，需求的强烈程度是由奖励的优质程度决定的。那么我们能否提升奖励的优质程度、吸引更多人来参与呢？答案显然是否定的，因为在按排名获得奖励的情况下，提供更加优质的奖励只能增加可以拿到名次的玩家的参与意愿，而对其他玩家来说，奖励的优质度对他们没有任何吸引力。因此，接下来需要思考是否可以提升每个参与者都能够拿到奖励的成功率。不难发现，这个设计显然可以提升玩家参与意愿，因为在奖励吸引力足够的情况下，每个人都愿意去尝试自己可能存在的获奖机会。那么我们能不能将奖励设成参与即可得奖呢？这样是不是大家都愿意来参与了呢？这个思路的问题在于奖励投放机制可能会影响游戏整体的经济设计。由于游戏中存在众多的奖励投放机制，这些机制需要根据其所对应的游戏内容，给予适当的奖励引导。当某个奖励投放过于优质时，就会降低玩家参与其他奖励内容的意愿，因此在设计时需要保持奖励的总体优质度不变，用随机抽奖的方式来保障参与即有机会拿奖。

除了关注需求满足条件的达成方式外，设计师还可以思考奖励的给予方式是否与活动的设计目标相符。在本例中，我们的设计目的是提升活动参与率，因此奖励的给予机制需要能够在活动的有效期内持续吸引玩家。根据这个设计目标，我们可以考虑以碎片的形式投放奖励，从而促使玩家在活动持续期内完成更多次行为转化。在需求满足部分拥有符合设计目标的转化机制后，设计师还需要关注需求的建立部分是否拥有足够大的吸引力，促使玩家产生行为转化的动力。

| **关键点提示：** 在分析需求满足条件时，设计师可以从有效游戏行为的结果出发，推导能够影响玩家产生这些行为的需求满足条件。

2. 关注需求建立部分的合理性

需求的建立部分是形成游戏追求目标的主要部分，其实现原理是通过创造独特的情感化体验，建立玩家的追求目标。在为需求循环选择需求建立部分时，设计师要关注追求强度和持续时间能否满足循环要求。一般情况下，追求强度与玩家形成转化行为的意愿成正比，即玩家对目标的追求越强烈，越愿意完成转化成本更高的行为，反之亦然。在游戏过程中，玩家的追求强度主要取决于需求建立部分的体验效果和追求之间的可替代性。其中，需求部分的体验效果会反映为体验内容对玩家的心理影响程度，它决定了玩家实现追求目标所愿意付出的成本（时间、金钱等）。针对这部分的体验分析可参见选择模型的内容。需要注意的是，由于不同玩家的体验偏好不同，玩家面对相同游戏内容时，会存在体验差异。因此，在分析需求建立部分的体验效果时，不仅要利用选择模型单独分析各个内容的体验，还要关注玩家体验偏好对不同部分的追求强度影响。下面我们将举例说明，如何通过调整机制设计解决因玩家体验偏好或追求的可替代性造成的循环效率下降问题。图 7-7 展示了两个简单的需求循环。

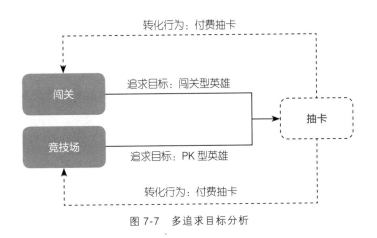

图 7-7　多追求目标分析

　　游戏通过闯关和竞技场内容建立起玩家对不同英雄的追求，之后通过抽卡的方式转化成付费行为。在分析这个循环时，我们需要先关注玩家在闯关和竞技场之间是否存在体验偏好，因为这种体验偏好会转化为追求偏好，从而造成抽卡体验的波动，导致转化行为减少。例如，当玩家抽到品质很高的英雄时本应获得正向体验，但由于英雄不符合玩家的追求偏好反而导致体验下降，从而玩家的行为转化意愿因此下降。

　　我们可以通过可用性测试来收集玩家的体验感受，判断体验偏好对需求循环的影响。一般来说，玩家对游戏内容的偏好程度越高，需求循环的转化效率越不稳定。为了解决这个问题，我们可以优化英雄的投放机制。图 7-8 展示了修改后的需求循环。

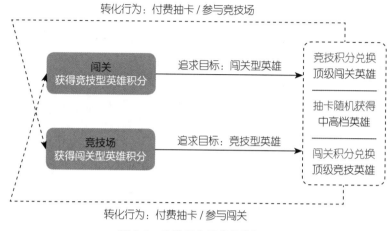

图 7-8　改进后的需求英雄循环

这个需求循环的核心优化思路是将不同的需求建立方式串联到不同的追求满足方式上，从而迫使玩家必须体验所有的需求建立方式才能达成追求目标。在本案例中，设计师将顶级英雄的获得方式改成了使用不同积分进行兑换，并将这两种积分投放于竞技场和闯关部分。这种设计不仅有效地缓解了玩家因追求偏好导致的行为转化偏差的情况发生，并且对抽卡功能的依赖程度也不会出现明显下降，因为获得足够积分的前提是玩家需要在闯关和竞技场中投入足够的中高档英雄。不过由于这种设计可能会强制玩家体验不喜欢的游戏内容，因此可能会导致玩家体验下降。为了解决这个问题，设计师需要把握好不同需求建立部分的体验平衡，避免玩家出现明显的体验偏好，使得需求循环整体失效，例如《巫师 3》中的昆特牌。

| 关键点提示： 在分析需求建立部分时，设计师需要关注不同部分之间的体验平衡，并可通过优化需求循环的结构，减少因体验偏好导致的需求循环失效。

追求的可替代性指的是追求结果在其所对应的需求建立部分能够被其他追求替代的程度，这种可替代性越高，玩家的追求强度越低。因此，随着追求可替代性的增加，玩家可能会放弃原有的追求目标转而追逐替代性更强且获取成本更低的目标，从而导致相应游戏行为的转化率下降。因此为了减少玩家的行为偏差，设计师需要控制不同追求间的替代效用，使其保持在一个可控范围内。在实际工作中，设计师可以通过分析影响追求可替代性的关键因素，判断需求建立部分的追求偏差是否合理。在本例中，假设闯关和竞技场都是通过战斗体验建立玩家的体验需求，并通过考核英雄的不同属性强度来实现追求的差异化。首先，我们不难发现，角色技能、属性类型、英雄职业等与属性相关的角色设计是影响追求可替代性的关键因素。随后通过对数值设计的分析，就能确定这些影响因素之间的替代效果，并判断闯关和竞技场的考核方式是否需要优化。此外，除了本例中的考核方式外，游戏减少追求可替代性的形式会非常多样，例如利用玩家对不同角色的偏好、对故事结局的偏好、对某种收集品的追求，都可以建立起追求的不可替代性。

| 关键点提示： 从本质上来讲，追求的可替代性与玩家获得体验的手段唯一性存在着密切关系，设计师需要找出影响这种唯一性的因素，并分析这些因素在游戏中的影响。

通过分析需求建立部分和满足部分的合理性，我们可以判断需求循环的设计模式在机制架构上是否能够满足设计需求。此外，由于玩家的行为主要受到游戏体验影响，因此玩家在需求循环中的过程体验也是影响行为转化的重要因素。

7.1.2　需求循环的过程体验

需求循环的过程体验关注的是玩家在需求循环中的心理感受，它产生于玩家的需求建立和满足过程中，具体体现在需求的建立部分、满足部分和玩家的转化行为中。由于需求循环涵盖了游戏机制层的大部分内容，而机制又是传递游戏体验的重要规则手段，因此分析其过程体验的重点是判断能否有效传递游戏体验目标。在需求循环中，游戏体验目标主要通过架构设计和内容设计来实现，其中架构设计的目的是通过适当的关联方式整合不同的游戏内容，构建出游戏体验目标所需的内容环境。内容设计则是通过调整游戏内容中的具体机制设计，使其更符合游戏体验目标。下面将结合具体的案例分别介绍如何通过优化需求循环的架构设计和内容设计提升需求循环的过程体验。

分析需求循环的架构设计就是判断其能否有效地构建出符合游戏体验目标的内容环境，使游戏内容的组织方式可以有效地建立起符合体验目标需求的需求循环方式。在实际工作中，设计师可以从需求循环的架构能否有效地构建游戏体验目标和玩家追求能否被有效地满足来分析需求循环架构的设计效果。其中，有效还原游戏体验目标是指需求循环架构中的游戏内容及其组织形式具备还原游戏体验的基础。例如，在本书第二部分中，我们介绍过的《彩虹六号》通过同时引入战略配置和 FPS 内容的架构还原出战术模拟的游戏体验。由于游戏的体验目标各不相同，其实现方法也千差万别，这里不做过多介绍。

接下来，我们将重点介绍如何分析游戏架构中的玩家追求能否被有效满足。在分析时，设计师需要先基于游戏现有的需求循环分析玩家会产生哪些追求，随后根据游戏内容与玩家追求的联系程度，判断游戏内容的组织方式是否合理。我们以类 DOTA 的竞技游戏为例，介绍具体的分析方法。假设该游戏初始的需求循环如图 7-9 所示。

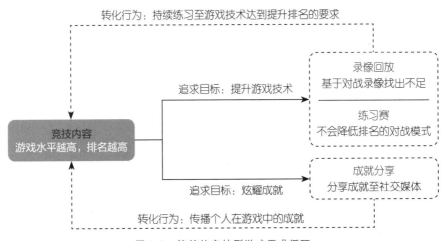

图 7-9 简单的竞技型游戏需求循环

从图 7-9 中，我们可以看到游戏的需求循环由一个竞技系统、两个自学内容（录像回放、练习赛）和一个传播系统（成就分享）组成。假设游戏的体验目标是"创造有趣、公平、有深度并鼓励传播的对战体验"，那么我们就可以根据该体验目标推导出对应的玩家追求和游戏内容。表 7-1 展示了基于体验目标推导玩家追求和游戏内容的方法。

表 7-1 基于游戏体验目标确定需求循环内容

游戏体验目标	玩家追求	游戏内容
创造有趣、公平、有深度并鼓励传播的对战体验	提升技术水平	观战
		直播
		练习模式
	炫耀成就	成就分享
		录像分享
	个性化展示	外观设置

其中，在分析玩家追求时，我们基于游戏体验目标中鼓励传播和有趣这两个体验特点，认为原有的需求循环中还应引入个性化展示的玩家追求，这是因为传播行为是一种强化"自我"影响力的行为，而个性化展示则是一种有效诠释玩家"自我"的手段，因此在鼓励传播的游戏体验目标下，玩家会产生个性化追求。此外，由于竞技过程本身就是一种展示自我的过程，因此如果在过程中能够展示出代表玩家个性的符号，也会强化

玩家的游戏体验。

在游戏内容方面，通过分析游戏内容满足玩家追求的效果，不难发现玩家无法从游戏的录像中直观地理解对战双方的策略意图，而如果采用观战和直播的学习形式，玩家则可以通过询问好友或听取直播解说更高效地提升游戏技术，因此该内容被学习效率更高的直播和观战取代。此外，基于炫耀成就的玩家追求，游戏还引入了录像分享功能，该功能允许玩家分享游戏中的精彩片段，这样做不仅能使玩家更清晰地展示游戏成就，还能够更明确地体现出玩家实力和游戏个性，从而提升了玩家传播游戏的意愿。最后，为了满足新确定的个性化展示追求，设计师还在游戏中引入了外观设置内容。

基于调整过的玩家追求和游戏内容，设计师需要重新梳理需求循环的架构设计。这种做法不仅是为了确定新的游戏内容和玩家追求之间的关联方式是否合理，还能够对游戏内容进行重新定位，使其发挥更大的作用。图 7-10 展示了基于调整后的玩家追求和游戏内容所设计的需求循环。

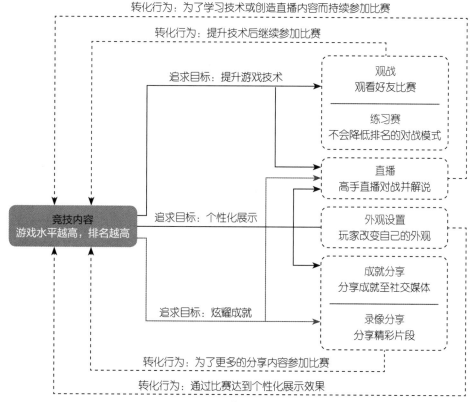

图 7-10　调整后的需求循环

从图 7-10 中可以看出，在新的需求循环设计过程中，直播被进行了重新定位，该功能由最初满足"提升技术水平"的追求，被扩展为可以满足 3 种玩家追求。在对游戏内容重新定位的过程中，我们一般会根据玩家的特点和内容的可塑性思考如何提升游戏内容在需求循环中的作用。以直播为例，设计师首先可以将玩家分为主播和观众，之后再基于主播和观众在直播过程中的行为和需求，思考如何将直播与玩家追求关联起来。例如在主播类玩家中，玩家可以通过分享自己的直播内容达到宣传自己的目的，因此直播能够满足主播玩家炫耀成就和个性化展示追求。在观众类玩家中，玩家可以通过观看高手的直播提升自身的技术水平，所以直播也能够满足玩家提升技术水平的追求。综上所述，直播功能能够满足玩家在游戏中的全部 3 种追求。此外，该案例还说明通过对游戏内容的重新定位，可以更大限度地发挥该游戏内容的价值。

由于在分析需求循环架构时，设计师可以更加清晰地了解游戏内容能够满足哪些玩家追求，因此这一过程可以帮助设计师更准确地分析游戏内容能否高效地满足玩家追求。

| **关键点提示：** 需求循环的架构分析是其内容分析的前提，设计师只有基于逻辑清晰的循环架构才能做到内容体验优化的有的放矢。

下面将以游戏直播为例，通过分析其满足玩家"提升技术水平"追求的效果，介绍如何基于玩家追求优化游戏内容的体验效果。在前面的案例中，通过对直播的重新定位，我们确定该游戏内容能够同时满足玩家 3 种追求，其中当玩家处于观众角色时，直播可以满足其提升技术水平的追求。通过关联直播机制与玩家追求，我们可以把玩家观看直播的核心机制总结为推送机制和搜索机制，即玩家被动接收系统推送的直播或主动搜索自己想看的直播。表 7-2 展示了基于玩家追求推导出的直播机制。

表 7-2　基于玩家需求得出的直播核心机制

玩家追求	满足机制
提升技术水平	给玩家推送最新直播，允许玩家根据需求筛选
	玩家可以根据关键词搜索自己需要看的直播内容

表 7-2 中的这些机制最终反映到界面设计上，会变成由推送列表和搜索控件组成的直播展示界面。图 7-11 展示了直播界面的基本设计架构。

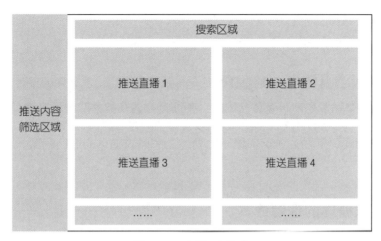

图 7-11　直播界面架构

　　总之,该界面的架构设计基本满足了帮助玩家提升游戏技术水平的思路,即让玩家观看适合的直播内容提升游戏技术水平。我们在很多竞技类游戏中都可以看到类似的直播或战斗回放展示界面,但是这种设计是否存在优化空间呢?在回答这个问题前,设计师可以基于玩家的追求,引入追求发生场景的概念,对直播的机制体验进行优化分析,表 7-3 展示了设计师根据追求发生场景给出的直播机制以及出现位置。

表 7-3　基于追求发生场景推导出的直播核心机制

追求	追求发生场景	满足机制	出现位置
提升技术水平	战败	① 推送角色配置类似的直播 ② 搜索适合的直播	失败界面
	找不到适合自己的打法	根据玩家不同角色的偏好程度,推送不同角色的主流打法	① 角色选择界面 ② 角色界面
	不会玩某个角色或某个套路	① 推送该角色的高胜率打法和最热门打法 ② 搜索适合的直播	角色界面

　　从表 7-3 中发现,玩家在不同的追求发生场景下需要的推送内容各不相同,并且这些场景发生在不同的游戏界面中,因此设计师可以将直播功能拆分到不同的场景发生界面中去,并结合相应场景的追求特点给予不同的推送和搜索机制,使得直播可以更高效地满足玩家追求,从而提升玩家的体验感受。

| **关键点提示:** 需求循环中列出的游戏内容是否会反映在独立的界面中,关键取决于追求发生场景以及发生位置。

通过对需求循环架构和游戏内容的分析，设计师不仅能够让玩家的追求更符合游戏体验目标，还能让游戏内容更好地满足玩家追求，从而提升游戏体验。

| **关键点提示：** 如果说需求循环的合理性是一种从产品目标出发，判断设计合理性的分析方式，那么过程体验就是从玩家体验出发，判断玩家潜在行为的分析方法。

最后，设计师还需要关注玩家能否准确地理解需求循环的运行逻辑，从而做出准确的游戏行为。

7.1.3 需求循环的理解成本

理解成本是指玩家能够准确理解需求循环的游戏内容及其组织关系所需付出的认知成本，这种认知成本主要由玩家的体验时长、过往经验和学习能力所决定。在需求循环的设计过程中，设计师一般需要尽量降低需求循环的理解成本，以帮助更多的玩家快速融入游戏。但在有些游戏中，学习过程本身也是游戏体验的一部分，因此设计师需要根据游戏的体验目标和玩家特点，确定需求循环各部分的理解成本。

在游戏设计中，影响需求循环理解成本的主要因素一般是游戏内容的理解难度和机制之间的组织关系。其中游戏内容的理解难度与游戏本身的体验设计有很大关系，设计师需要基于游戏内容的具体机制设计来判断游戏内容的理解难度。例如，游戏中武器制造系统的规则是否过于奇特，导致目标群体无法理解。因此，设计师需要基于目标玩家的游戏经验、游戏水平来判断机制设计的理解成本是否能够被目标玩家所接受。例如，在面向重度模拟经营玩家的游乐园模拟游戏中，设计师会在游乐设施的建设与管理内容上设计非常复杂的规则，从而更加细致地还原搭建和管理游乐设施的体验，这是因为目标用户已经拥有了丰富的游戏经验积累，并且对于经营过程的还原度拥有很高需求。但在面对轻度休闲玩家的模拟农场手游中引入如此复杂的规则，就很容易导致玩家流失，这是因为这些休闲玩家没有类似的游戏经验，对于游戏规则的认知还处于初级水平，因此他们很难感受到其中的乐趣。

机制组织方式的理解难度则是由它们之间的依赖方式的复杂度所决定的。例如，某个 A 内容所需的资源只能从 B 内容获得，那么它们之间的组织关系对玩家就会非常清晰。但如果 A 内容所需的资源可以从 B、C、D 等多个游戏内容中获得，它们之间的组织关系就不会太清晰。简单来讲，游戏内容之间一对一的依赖方式要比一对多或多对一更清晰，而多对多的依赖方式是最容易引起玩家混乱的。此外，游戏内容之间的资源关联种类越多，玩家的理解成本越低。例如，A 内容所需的 3 种资源都由 B 内容获得，玩家就会更加清晰地认识到 A 与 B 之间的组织方式。

除了通过调整游戏设计来降低理解成本外，设计师还经常采用分步开放游戏内容的方式，帮助玩家逐步掌握复杂的游戏规则。在进行分步开放的设计过程中，设计师需要基于游戏的体验目标对游戏内容进行重要性划分，从而决定分步开放的先后顺序。一般来说，游戏应该优先开放涉及核心体验且上手简单又有趣的内容，再开放涉及核心体验但上手有一定难度的有趣内容，最后开放其他的游戏内容。例如，在动作游戏中，先给玩家开放核心战斗和技能搭配的内容，随着玩家对属性作用的逐渐掌握，再开装备内容。除了分步开放游戏内容外，设计师还可以分步开放游戏内容中的机制。其遵循的原则与分步开放游戏内容类似，也是从游戏体验目标、上手难度和乐趣性上进行分析和排序。例如，在《炉石传说》等竞技类卡牌游戏中，设计师通过给玩家推送规则越来越复杂的卡牌来让玩家逐渐掌握全部战斗机制。

最后在游戏的设计完成度较高时，通过可用性测试收集真实玩家在游戏中的认知反馈，可以帮助设计师发现需求循环中理解成本不达预期的部分。具体的反馈方法在本书第二部分机制层的分析中已有介绍，这里不再详述。

以上就是需求循环设计思维中需要关注的设计点：结构合理性、过程体验和理解成本。下面将介绍分析具体游戏体验内容的设计思维——选择模型分析法。

| 思考与实践 |

请选择一个游戏中的单循环进行分析。

7.2　选择模型

通过选择模型分析法，设计师能够利用一些通用的分析方法更加准确地把握游戏体验效果以及玩家的行为结果。在实际应用时，由于游戏中存在着大量的选择场景，因此很难用选择模型对全部选择体验进行分析。为了提升分析的效率，设计师可以只对重要游戏机制中的关键选择场景使用选择模型分析法。

在实际分析时，设计师可以将分析过程分成**选定模型**和**模型分析**两个主要步骤。其中选定模型是基于游戏机制所构成的选择场景，确定使用哪种选择模型进行分析。模型分析则是基于选定模型中通用的分析思路发现体验问题及影响原因。下面我们将详细介绍这两个步骤。

7.2.1　如何选定模型

选定模型是指将分析对象套用到适合的选择模型中，使设计师可以利用通用的分析方法对游戏体验进行分析。在套用选择模型时，设计师主要基于游戏机制所创造的选择场景来判断选用哪种选择模型。各种选择模型所适用的情境在本书第二部分已经介绍过，这里对其进行总结，如表 7-4 所示。

表 7-4　选择模型适用情境

模型类型	适用情境
单选模型	玩家收益只与自身选择有关
双选模型	玩家收益会受到某些异步因素影响
博弈模型	玩家收益会同时受到其他参与者策略影响

适用情境的差异主要体现在玩家收益的影响方式上。基于不同的影响方式，玩家收益可能是某个固定值（单选模型）、某种收益区间（双选模型）或潜在的收益集合（博弈模型）。因此在确定选择模型时，设计师应该选择收益影响方式与当前选择场景最接近的选择模型作为分析依据。例如：在赛车游戏中，我们利用单选模型分析单人计时赛的体验，这是因为玩家的驾驶乐趣（玩家收益）只与自身的驾驶技术有关。但是当我们分析多人竞速的体验时，就需要引入博弈模型，这是因为玩家的驾驶乐趣同时受到所有参赛者的驾驶技术影响。

确定选择模型后，设计师还要将选择场景中的具体规则与选择模型的分析点关联起来。表 7-5 列出了各个选择模型中的常用分析点及其对游戏体验的影响方式。

表 7-5　选择模型中的分析记录点

序号	分析点	影响方式
1	选项难度	玩家完成选择的难度
2	收益认知难度	玩家做出正确选择的难度
3	选项收益	玩家的选择偏好
4	交互形式	游戏体验目标的传递

下面将详细介绍这些分析点在游戏中的体现方式，以便设计师能够更准确地将游戏选择场景中的具体规则与分析点关联起来。

1. 选项难度

选项难度给玩家提出了完成选择需要满足的条件，这些条件大多是对玩家自身能力的要求，如反应速度、操作熟练度、观察力、付费能力等。在不同类型的游戏中，设计师会根据目标受众的能力和偏好设置不同类型的选项难度。例如，动作游戏主要通过 BOSS 的招式设计考验玩家的反应速度、操作熟练度和观察力，而解谜类游戏则通过谜题、机关等关卡设计考验玩家的观察力和逻辑推理能力。卡牌竞技类游戏会利用复杂的卡牌规则考察玩家对卡牌的熟悉程度、逻辑分析能力和心理判断能力。因此在分析以上 3 种游戏时，影响选项难度的因素分别是 BOSS 的招式设计、谜题和机关的推理难度以及对战双方的卡牌策略复杂程度。此外，有些游戏的选项是基于玩家之前的选择（如 RPG 游戏中的隐藏选项）所出现的，这些选项的出现难度其实也是对玩家的推理能力和游戏内容掌握程度的考验。

随着选择模型复杂度的提升，能够影响玩家选项难度的手段也在增加。例如，在单选模型中，设计师只能通过设置固定的达成条件影响玩家的选项难度，诸如跳过深渊时的最佳起跳距离永远都只和玩家选择起跳的时机有关。而在双选模型和博弈模型中，选项难度的设置还受到外界干扰因素的影响，从而增加选项难度的变化性。例如，在格斗游戏中玩家需要根据对方的战术调整自己的战术，而对方的战术一直处于变化状态，因此玩家的选项难度不仅依靠自身的操作水平，还与对方的战术水平有关。

从体验影响上来看，选项难度影响着能够完成选择的玩家比例。这使得无法完成选择的玩家产生了负面体验，但能让完成选择的玩家获得成就感。例如很多以高难度为卖点的游戏中，玩家以能够完美通关为自己的游戏目标，而在游戏的难度构成中有很大一部分属于选项难度的分析范畴。在关注选项难度的体验时，设计师应该重点关注达成选择的人数比例。这个人数比例应该与选择场景所构建的游戏体验目标保持一致。例如，以引导为目的的选择场景应该拥有较高的选择达成比例，而以考验高手为目的的选择场景下则要拥有较低的选择达成比例，从而使得成功通关的玩家能够获得更多的成就感。除了单一的选项难度设计外，有些游戏还会采用梯度式的选项难度设计，从而让玩家获得更加线性的成长体验。例如，在音乐类游戏的 QTE 选择场景中，游戏会根据玩家按键的准确率和时机把握程度给出不同分数。在统计这种带有难度梯度的设计时，设计师可以将不同的梯度难度看作单独的选项难度。

在实际工作中，我们经常会使用玩家的游戏经验、付费难度等阻碍玩家达成选择的因素作为度量选项难度的标准。图 7-12 展示了选项难度梯度曲线，该曲线记录了具有一定关联性的选项难度梯度变化。这种选项难度曲线主要用于对连续选择或存在难度梯度的选择进行分析。

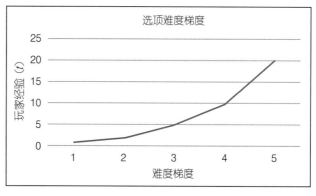

图 7-12　选项难度梯度曲线

需要注意的是，在定义玩家经验时，设计师需要根据游戏的类型和创新程度确定玩家经验所代表的内容。例如，如果是传统的横版过关游戏，玩家游戏经验可以定义为同类游戏的总时长。但是如果是创新内容较多或者涵盖的游戏类型比较丰富的游戏，就需要根据游戏的特点定义玩家的游戏经验时长。例如，游戏《侠盗猎车手》系列涵盖了模拟驾驶、动作射击等多种游戏类型，因此衡量其选项难度时需要根据相应的内容定义不同的游戏经验。

| **关键点提示：** 在归纳影响选项难度的因素时，设计师可以将大量的影响因素归纳成玩家的经验时长，从而使不同的影响因素可以在分析过程中得到统一的体现。

2. 收益认知难度

由于玩家在游戏中进行选择的目的是获得符合预期的收益，因此收益认知难度影响了玩家做出正确选择的难度。与选项难度不同的是，收益认知难度更多的是考察玩家的记忆力、观察力、逻辑思维能力等头脑能力，而对反应能力、操作能力等身体素质的考察手段相对较弱。在游戏体验上，收益认知难度主要影响的是玩家对选择结果的预期，即玩家能否准确地预料选择结果。在大部分游戏的设计中，收益认知难度和选项难度大多处于此消彼长的关系，即当收益认知难度较高时，选项难度会降低，反之亦然。因为当玩家处于选择状态时，游戏需要借助这两个设计点中的一个给玩家提供选择动力。

在分析游戏体验时，我们将影响玩家选择预期的因素归入收益认知难度。通常情况下，玩家所知道的收益信息量以及能够推算出的收益信息是影响收益认知难度的关键因素，而这种收益信息的传递方式也会随着选择模型的不同而有所变化。在单选模型中，设计师主要通过隐藏部分信息并给玩家留下线索来设置收益认知难度，例如选择奖励时，有些游戏将其设计成不同 NPC 互动选项，玩家只能根据选项内容来推断可能获得的奖励。

| **关键点提示：** 在单选模型中，设计师需要重点关注收益信息的暴露量以及推导难度。

在双选模型中，设计师则可以引入影响收益的随机因素来提升收益认知难度。例如，游戏中的随机抽奖将玩家的收益限定在一个特定范围内，玩家通过对随机规则的理解来猜测自己的收益。

| **关键点提示：** 在双选模型中，设计师应该重点关注影响收益的随机机制。

最后，在博弈模型中，设计师还可以利用参与者之间的博弈心理增加收益认知的难度。例如 RTS 游戏中，对战双方需要基于有限的信息猜测对方的策略，并根据这种猜测估算自身策略的收益。

| **关键点提示：** 在博弈模型中，设计师应该重点关注博弈模型中的策略组合对玩家心理的影响。

除了记录影响收益认知难度的游戏机制外，设计师还需要估算出能准确发现收益所需的玩家经验水平。记录方法与选项难度类似，记录的目的同样是用于对收益认知难度的体验做进一步分析。注意，与选项难度类似，有些选择场景中的收益在发现难度上也存在着梯度，即在单次选择中，不同经验水平的玩家能够发现的收益量各不相同。为此，我们也需要将每种收益的发现难度进行单独记录。

| 关键点提示： 收益认知难度在实现机制上与选项难度基本一致，因此二者的记录方法存在着很多共同之处。

3. 选项收益

选项收益是选择结果在玩家心理层面的价值，其表现形式非常多样。例如，物品奖励、正面评价、额外的体验内容、符合玩家预期的剧情走向，等等。然而在选择中有时会伴随着多种形式的选项收益，例如在游戏中玩家可以选择是否抢走无辜旅人的钱财。这种设计要求玩家在正义的价值观和物品奖励之间做出选择。为了更好地分析不同形式的选项收益，设计师可以通过记录不同收益对玩家的心理影响力来统一他们的衡量标准。但这种统一记录的方法需要基于玩家的偏好和大量的用户测试才能做得更加准确，因此分析成本也会提升。

| 关键点提示： 设计师只有统一不同收益的衡量方式，才能更准确地利用选项收益进行体验分析。

除了记录收益的数值外，设计师还需要利用选择模型的收益分布模拟出游戏机制所产生的选项收益关系，从而帮助设计师发现收益分布对玩家体验的影响。图 7-13 列出了不同选择模型中的收益分布方式。

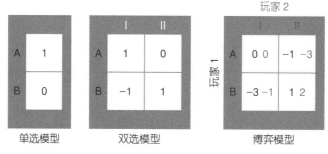

图 7-13　选择模型的收益分布

从图 7-13 中可以看到：单选模型主要记录了玩家各个选项的收益；双选模型记录了选项的收益极值；博弈模型记录了玩家选项收益所构成的策略组合。除了以上的记录内容外，设计师还需要根据这些模型的特点关注对玩家选择体验有着重要影响的收益关系。

例如，在单选模型中设计师要关注各选项收益之间的差值，在双选模型中设计师需要关注收益极值间的差值以及获得极值的数学期望，在博弈模型中设计师需要关注收益策略所构成的特殊博弈状态，如优势策略状态、纳什均衡状态等。

最后需要注意的是，为了便于分析，设计师可以对某些特别复杂的选择模型进行简化，简化后的模型只要能够反映出游戏机制所营造出的选择场景即可。例如在记录多人合作的选择场景时，可以通过记录双人合作的选择模型简化分析过程，再基于分析结果思考是否需要记录合作人数更多的情况。

┃ **关键点提示：** 对于特别复杂的选择场景，设计师可以通过只还原核心选择场景来简化选择模型复杂度，从而提升分析效率。

4. 交互形式

选项的交互形式是玩家进行选择时的交互方式。它主要包括玩家在选择过程中感受到的信息及操作方式。在游戏中玩家会因交互形式的差异而产生不同的体验效果，例如使用游戏方向盘体验赛车游戏的沉浸感要远高于使用手柄和键盘。再如操作拟物化的界面时，更容易带给玩家额外的体验乐趣。在采集交互形式信息时，设计师可以记录关键选择场景的交互形式，并通过分析其体验权重和对比其他游戏进行分析。

选项交互形式的体验分析主要与游戏表现层的设计相关，因此我们在选择模型中不进行过多介绍，具体内容可以参见本书第二部分中关于表现层的体验分析内容。

7.2.2　正确地进行模型分析

模型分析是指通过通用的模型分析方法，判断游戏体验与设计目标之间的偏差。在本书的第二部分我们通过大量的案例介绍了在不同选择模型中可以使用的分析方法。这里我们将这些分析方法划分成两类：**关键选择场景分析**和**连续选择场景分析**。其中关键选择场景分析是对玩家单次选择中的选择体验进行分析，而连续选择场景分析则是对玩家多次选择的体验变化进行分析。下面我们将详细介绍这两类分析方法的应用。

1. 关键选择场景分析

关键选择场景分析是一种分析单次选择场景体验的方法，这种方法专注于对一个静态的选择场景进行深入分析，常用于分析关键选择场景的体验效果。如果把游戏比喻成下一盘棋的话，关键选择场景分析就是对某个关键残局状态进行分析。

在分析关键选择场景时，设计师需要基于游戏机制找出影响玩家选择的因素，并基于它们之间的逻辑关系构建动态收益公式。下面我们将介绍这种公式的设计思路，及其在体验分析中的应用方式。

在 3.1 节介绍了**动态收益公式**。通过绘制动态收益公式的函数图，设计师可以直观地了解各选项收益随玩家类型变化的情况，从而更准确地判断不同玩家的体验感受。虽然动态收益公式可以帮助设计师更准确地判断游戏体验，但由于游戏机制传递体验的方式各有不同，因此设计师需要根据游戏机制的特点调整公式中的变量设计。下面通过一个简单的案例来说明如何基于游戏机制选定模型，设计动态收益公式并发现体验问题。

假设设计师为了减少玩家挑战 BOSS 失败时的挫败感而在游戏的 BOSS 战中引入了复活机制，该机制允许玩家通过支付固定的费用使自己满血复活并继续之前的挑战。在分析时，我们可以通过 3 个步骤分析不同玩家的复活体验效果。

第 1 步：**确定选择模型**。由于 BOSS 的难度、玩家的实力以及掉落奖励的吸引力都是固定的，因此玩家的选择收益只与其是否选择复活有关，这种选择场景符合单选模型的分析条件。

第 2 步：**设计动态收益公式**。由于玩家在选择前已经知道不同选项的收益，因此两个选项都不存在收益认知难度，我们在设计公式时只需关注选项难度和选项收益。具体情况如表 7-6 所示。

表 7-6　选项的难度与收益

选项	选项难度	选项收益
复活	击败 BOSS 的难度	BOSS 掉落
不复活	无	复活费用

表 7-6 展示了玩家选择时的选项难度与收益。其中击败 BOSS 的难度与玩家的实力有关，我们通过 BOSS 的失血量与 BOSS 总血量的比值来表示，比值越高说明玩家战胜 BOSS 的可能性越大。此外，在选项收益方面，由于 BOSS 的掉落和复活费用都是固定收益，因此给出固定的心理影响力数值即可。最后，我们将两个选项的收益设计成一个动态收益公式和一个常量：

$$复活的动态收益：Q_1 = (t/T) * B_1$$

不复活固定收益：$Q_2 = B_2$

其中，T 表示 BOSS 总血量，t 表示 BOSS 失血量，也反映了玩家游戏水平，t/T 表示单次复活后可以击败 BOSS 的概率，B_1 表示奖励的心理影响力，B_2 表示复活费用对玩家的心理影响力。

将动态收益公式放回选择模型，则各个选项对于不同玩家的收益可以表示成表 7-7 所示的情况。

表 7-7　动态收益模型

选项	动态收益
复活	$Q_1 = (t/T) * B_1$
不复活	$Q_2 = B_2$

表 7-7 展示了选择模型中不同选项收益随玩家游戏水平的变化情况。我们将该模型称为**动态收益模型**。设计师可以基于该模型判断不同玩家的选择体验。

第 3 步：**确定机制变量绘制体验趋势线**。将游戏机制所影响的变量数值带入公式，画出公式函数图。假设 $B_1 = 20$，$B_2 = 5$，$T = 100$，则可以得出两条函数线。图 7-14 展示了 BOSS 失血量与玩家复活收益的变化关系。

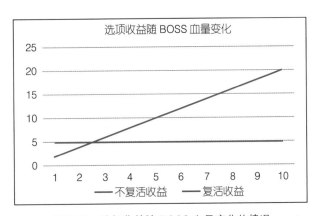

图 7-14　选择收益随 BOSS 血量变化的情况

从图 7-14 中不难发现，两个选项的体验在线段交汇处是最接近的，当 BOSS 的失血量高于该处时，玩家的复活体验会逐渐高于不复活的体验。也是说玩家实力越强，其复活体验越好，而实力越差则复活体验越差。因此如果设计师希望让更多实力较差的玩家使用复活机制，就需要使复活价格可以根据 BOSS 的失血量动态变化，且当玩家的胜率很低时不显示复活功能，以避免玩家因复活后再次战败产生更多的挫败感。

在本例中，我们通过动态收益公式掌握了不同水平玩家的复活收益，从而发现了复活机制的体验问题。在确定选择模型时，我们还发现玩家在该选择场景中不存在收益认知难度，因此设计师并不需要将收益发现难度引入动态收益公式。此外，在一些 F2P 模式的价值观游戏中，设计师也可以用玩家的战斗力和击败 BOSS 所需的战力作为复活收益公式中的 t 和 T，以衡量不同付费水平玩家的游戏体验。就像我们前面所说的，动态收益公式中的变量需要设计师根据游戏机制的特点和设计目标来定义。

| **关键点提示：** 动态收益公式的分析原理是，通过反应选项收益随某些玩家变量的变化趋势来判断机制设计是否符合游戏体验目标。

除了在单选模型中可以使用动态收益公式外，该公式在其他选择模型中也可以使用。例如在双选模型中，动态收益公式既可以拆分成两个单独的公式，表示选项极值的收益变化，也可以只用一个公式展示选项数学期望的变化。而在博弈模型中，动态收益公式不仅可以用于计算策略组合的收益变化，还可用于表达博弈双方收益差值的体验变化。总之，在不同的选择模型中，动态收益公式的应用方式非常多样，而具体选择哪种表达方式则取决于游戏机制的体验传递方式。设计师需要基于影响玩家体验的机制内容设计动态收益公式。图 7-15 展示了动态收益公式在双选模型和博弈模型中的应用方式。

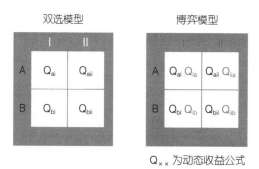

图 7-15　双选模型和博弈模型中的动态收益模型

基于这种动态收益公式的选择模型表达方式，设计师只需将相应的变量值代入公式，就能直观地知道不同玩家在相同选择场景下的收益变化，进而了解其体验感受。需要注意的是，由于不同选项的收益变化速率可能会存在差别，因此相同的选择场景对于不同玩家来说可能会产生不同的体验效果。例如，在双选模型中，新手玩家认为的优势选项对老玩家来说可能是劣势选项。此外，虽然动态收益公式可以很好地表达出不同玩家的收益变化或体验感受，但在实际分析时，引入动态收益公式的选择模型可能会变得非常复杂，导致分析成本极高。因此需要引入一种更加简单高效的分析方法——**模糊建模法**，来提升分析效率。

模糊建模法是指一种利用简单选择模型替代分析对象的分析方法。该方法主要包含3种简化方式。

1）**场景筛选**。场景筛选是指设计师只挑选重要的游戏选择场景进行分析。在实际分析时，由于将不同的玩家变量值代入动态收益公式后会产生大量的选择模型，而其中大部分模型对分析游戏体验又没有太大帮助，因此我们只需分析对游戏体验影响较大的模型。在判断哪些模型对游戏体验影响较大时，设计师可以重点关注符合目标玩家特点的选择模型和选项收益关系出现转换的选择模型。这是因为符合目标玩家特点的选择模型可以反映出选择场景对目标玩家的体验效果，而选项收益关系出现转换的选择模型则会对玩家体验产生非常大的影响，设计师需要知道哪类玩家会受其影响。

在构建符合目标玩家特点的选择模型时，设计师可以将目标玩家的数据代入动态收益公式，得出该类玩家的选择模型。在构建选项收益关系发生转变的选择模型时，设计师需要在动态收益的函数图中找出函数线交点，并基于这些交点的变量值确定相应的玩家变量，将其代入动态收益公式后即可得到选项收益关系处于临界状态的选择模型。

2）**收益替代**。收益替代是指用选项收益替代选项动态收益的方法，使用这种方法可以省去构建动态收益公式的步骤。由于选择模型中的收益本身就是一种选择结果对玩家的心理影响力，因此当游戏的选择难度和收益认知难度很低时，或者各个选项的收益变化效果非常接近时，就可以直接用固定的选项收益替代动态的收益值进行分析。

3）**模型替代**。这种方法的核心思路是使用更简单的选择模型和数字替代原有的选择模型进行体验分析。设计师可以使用更简单的选择模型替代原有的复杂模型，降低分析难度。例如在分析多人合作模式下的利益分配机制时，可以用双人合作的博弈模型替代更多人合作的博弈模型。这是由于双人合作机制所产生的选择场景已经可以展示出主要的合作体验，并且相应的选择模型也是最易于分析的，因此分析双人合作的博弈模型可以起到事半功倍的效果。此外，当我们只关注选项间的收益大小关系而不关注具体数值时，设计师还可以使用简单的数字代替原有的选项收益。通过这种收益数值上的转化，设计师可以更快速地发现优势策略、纳什均衡状态等对游戏体验有着重要影响的选择模型，并且还能更快地发现体验问题。

在使用模糊建模法简化选择模型时，设计师可以根据游戏机制的体验传递原理选择性地使用其中的一种或多种简化方法。这种方法虽然可以帮助设计师快速发现选择场景中的体验问题，但它只能用于分析游戏机制在逻辑层面上的体验问题，而不能发现详细的数值问题，因为设计师所使用的模型和数据大多是估计值。不过在大部分体验分析中，设计师仍然可以优先考虑通过模糊建模法分析游戏体验，因为这样可以大幅提升分析效率。例如，本书第二部分所介绍的选择模型分析案例就通过大量模糊建模法简化了选择场景，突出了选择场景中的关键内容，帮助读者更加清晰地理解这些特殊选择场景的达成条件及其创造的体验效果。

此外，在分析游戏体验时，除了基于动态收益公式观察不同玩家的选项收益外，设计师还需要关注选项分布所构成的特殊选择状态对玩家体验的影响。例如，双选模型中的优势选项状态和博弈模型中的纳什均衡状态都会对玩家游戏体验产生重要的影响。

以上就是我们在选择模型分析中会经常遇到的选择模型及其分析方法。最后再介绍一种最简单的选择场景，该场景不符合任何选择模型，特点是选择收益相同，但实现手段不同。例如，某个竞技类游戏允许玩家通过两种方式获得角色外观。这两种方法分别是通过取得 100 场战斗胜利获得或花费 60 元购买。在这个案例中，玩家的选择收益都是角色外观，但获得的手段却有两种，分别是战斗和购买。虽然这种情况与单选模型的分析条件非常接近，但是当我们深入对比单选模型的定义时，会发现玩家的收益并不会随着选择的不同而改变，因此这种情况并不属于单选模型。

| 关键点提示： 当选项收益不因玩家选择而改变时，该选择场景不需要通过单选模型进行分析。

在分析这种手段可选而收益固定的选择场景时，我们只需要对比不同手段对玩家的心理影响力即可。例如，在这个案例中，假设玩家的胜率是 50%，单局平均时间是 20 分钟，玩家每日游戏时长为 40 分钟，则我们计算 100 场胜利对玩家的心理影响力就等于（100×20）/（50%×40）=100。如果玩家每日在外观上的平均消费量是 2 元，则 60 元购买角色外观的心理影响力就等于 60/2=30。由于 100 场战斗胜利的心理影响力要大于付费购买，而这两种心理影响力又都属于负面影响，因此对于胜率为 50%、每日游戏时间 40 分钟且外观日均付费 2 元的玩家来说，在不考虑对战乐趣对 100 场胜利的体验影响时，通过付费购买外观的可能性更大。

| 关键点提示： 在收益固定、实现手段可选的选择场景中，设计师只要对比不同手段对玩家的心理影响力即可判断其选择体验。

前面我们介绍了关键选择场景的分析方法。在该分析法中，设计师需要先基于游戏机制的特点确定选择模型和动态收益公式，再通过模糊建模法降低分析难度，最后根据选择模型的特点，确定游戏体验的关键分析点并优化所发现的体验问题。由于关键选择场景分析法只能基于单个选择场景分析游戏体验，而游戏体验是随着选择场景的连续改变而变化的，因此设计师还需要采用连续选择场景分析法对这种连续变化的体验效果进行分析。

2. 连续选择场景分析

连续选择场景分析是通过分析某个周期内的选择模型变化情况，分析游戏体验变化的方法。在实际分析时，设计师可以从**周期**和**策略**两个维度归纳分析对象的游戏体验变化过程，并基于不同策略在不同周期中的变化情况，判断连续选择场景是否符合游戏体验目标。表 7-8 展示了结合两种分析维度的体验关注点。

表 7-8　连续选择场景分析思路

周期 策略	单局	生命周期
收益变化	单局策略收益变化	反复体验相同内容时的选项收益变化
复杂度变化	单局策略复杂度变化	反复体验相同内容时的策略复杂度变化
选择时长	单局选择时长分布	反复体验相同内容时的选择时长分布

其中周期维度中的单局周期指的是玩家单次体验某段完整游戏内容的体验周期，生命周期指的是游戏设计的产品生命周期。此外，在策略维度方面：收益变化是玩家在不同周期维度内的选择收益变化趋势；复杂度变化指的是选择模型中的模型类型、策略数量、选项难度及收益认知难度所发生的变化；选择时长则是玩家在周期内进行选择的时间消耗变化。下面我们将介绍几种常见的体验关注点。在分析连续选择场景时，设计师可以基于收益、复杂度和选择时长在不同周期维度上的变化效果，分析游戏体验变化的效果是否符合游戏体验目标。这个分析过程主要体现在 3 个方面：

1）关注选择收益变化对玩家的吸引力影响；

2）关注选项复杂度中的关键影响因素；

3）利用选择时长快速判断连续选择场景的体验效果。

下面来分别介绍这 3 个方面。

（1）关注选择收益变化对玩家的吸引力影响

选择收益是玩家体验游戏的重要动力之一，因此收益变化会直接影响玩家的体验动力。在分析单局周期的选择收益变化时，设计师需要关注玩家获得收益的频率和收益变化幅度。一般情况下，收益获得频率越高的游戏体验越好。例如，在策略类游戏中，即时战略类游戏通过实时的操作反馈机制在收益的获取频率上全面超越了回合制游戏，从而直接导致 90 年代末回合制游戏全面淡出市场。除了这种通过修改游戏机制提升收益获取频率的做法外，设计师也可以在表现层的反馈设计上做出一定的优化。例如，《炉石传说》通过增加能够引起玩家心理波动的过程反馈效果，同样提升了选择收益的获得频率。

除了关注收益获得频率外，设计师还需要关注收益变化幅度在单局周期内的体验影响。在一个单局周期内确定收益的变化幅度时，设计师需要确定收益幅度的变化方式能否满足游戏体验目标或产品目标的达成条件。例如，在设计游戏的副本迷宫时，迷宫深处的宝箱收益要大于迷宫入口处的宝箱收益，击败 BOSS 后获得的宝箱收益要远大于在分支路线上获得的宝箱奖励。这些奖励幅度的变化从产品目标上看是为了增加玩家深入迷宫的动力，而从游戏体验目标上看则是为了平衡玩家的压迫感和收益感。除了这种明显的单局周期外，很多一次性体验的内容也可以从单局周期的角度出发，思考其连续体验的效果。例如，在 F2P 游戏中的登录奖励设计中，我们经常可以看到连续登录 3、5、7 天的奖励收益非常可观，而其他天的奖励收益会小很多。这种收益幅度上的变化是为了更好地提升玩家长期留存的意愿。

在分析选择收益的连续变化体验时，设计师还要关注玩家反复体验的游戏内容在整个游戏生命周期上的收益变化。特别是在以收益为导向的游戏内容上，随着玩家体验游戏内容次数的增加，选择收益吸引力的下降会导致玩家放弃体验游戏内容，从而流失。例如，《魔兽世界》中的大量副本都会在玩家拿到了全部奖励后被抛弃。因此设计师需要关注收益变化对玩家的吸引力能否满足游戏生命周期的时长要求。例如，在 3.1 节案例中，我们优化了 QTE 机制的选择模型，使得选项难度和收益幅度呈现出梯度化的形式，从而使得玩家在反复体验相同的内容时可以获得一定的成长感。其中，选项难度的达成时间需要满足游戏的生命周期需要，而收益的提升幅度也可以参考选项难度的增加幅度，并利用在单选模型中提出的压迫 / 收益函数原理进行调整。

从前面的几个案例中我们知道，在连续选择场景中的选择收益变化会影响玩家参与游戏的动力。需要注意的是，这里提出的选择收益是玩家选择完成后的心理反馈，它不一定是游戏中的虚拟物品。除了关注选项收益对玩家的吸引力变化外，在很多游戏中，玩家在选择过程中的体验感受对游戏体验的影响也很重要，因此设计师还需要关注选择过程在连续选择场景中的变化。

（2）关注选项复杂度中的关键影响因素

选项复杂度是由多个复杂度因素构成的，其中主要包含了特殊选择状态、策略数量、选项难度、收益认知难度等能够影响玩家完成选择的主要因素。在分析某个周期内的选项难度变化对玩家的体验影响时，设计师只要基于游戏机制的特点找出影响游戏体验的关键复杂度因素，并观察其在分析周期内的变化即可。例如，在 3.2 节中，我们通过分析《昆特牌》的策略数量在单局对战中的变化情况，判断玩家单局的游戏体验情况，如图 7-16 所示。

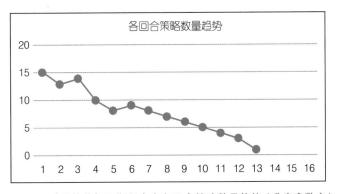

图 7-16　《昆特牌》早期版本中各回合策略数量趋势（非真实数字）

在这个案例中，由于该游戏的核心乐趣体现在卡牌（策略）的选择过程中，因此策略复杂度变化对玩家单局周期内的游戏体验有着重要影响。在确定影响游戏体验的关键复杂度因素时，通过游戏机制的特点，我们发现该作品的游戏规则非常简单，卡牌之间也不存在复杂的策略组合，所以在策略复杂度的变化方面，选项难度和选项收益的认知难度都不会对游戏体验产生较大的影响，而只有策略数量的变化才是影响游戏体验的关键因素。所以在分析过程中，当我们发现策略数量随着对战回合数的增加而减少时，就得出了玩家单局对战体验在持续下降的结论。

与卡牌游戏不同的是，很多动作游戏需要依靠提升选项难度延长游戏的生命周期，例如FPS游戏中当玩家首次通关游戏后会解锁地狱难度、噩梦难度等高难度模式。这种难度提升的目的是延长游戏的生命周期，而提升的手段大多是提升敌人的血量和伤害。由于这种数值方面的调整既不会产生新的特殊选择状态，也不会增加策略数量或收益认知难度，而只是增加了错误选择的惩罚力度。为了能够避免更加严厉的惩罚，玩家需要完成更多高难度的选择，因此游戏在策略复杂度上的关键体验影响因素是选项难度的变化。如果我们将选择难度定义为玩家在同类型游戏中的时长，我们就能知道各个关卡的难度变化曲线对玩家游戏时长的要求，从而就能够结合目标玩家游戏时长数据判断出该难度设计是否符合游戏体验目标。

在不同的游戏模式中，设计师如果需要调整体验周期内的选择过程体验，可以基于游戏机制的特点，调整不同的选项复杂度影响因素在周期内的变化效果来实现这一目标。一般来说，在体验周期内选择复杂度的变化因素越多，幅度越大，游戏带给玩家的新鲜感越强烈，学习成本也越高。在很多游戏中，为了能够持久地提升游戏体验周期内的乐趣性，往往会在不同的选项复杂度影响因素中引入随机机制。通过增加选项复杂度变化的随机性，玩家将更难掌握复杂度因素的变化规律，从而在选择过程中可以获得更加持久的乐趣体验。

虽然选项复杂度的变化过程对设计师分析一定体验周期内的选择过程体验具有重要的参考意义，但是当影响体验的关键因素过多时，分析难度就会大幅增加，因此我们将介绍一种更加高效的选择体验分析法来帮助设计师提升分析效率，这种方法被称作选择时长分析法。

（3）利用选择时长快速判断连续选择场景的体验效果

选择时长分析法是指设计师通过分析玩家在体验周期的选择耗时变化来判断游戏体验的分析方法。选择时长分析法可以帮助设计师直观地了解玩家在每一步选择中所消耗的时间是否在既定的时间范围内。在实际工作中，设计师不仅可以通过采集玩家关键操作步骤的时间间隔来统计选择时长，还可以根据同类型玩家的选择时长数据统计出超时玩家的数量和超出的时间量，从而判断体验问题的严重性。由于选择时长分析法通过时间数据综合反映出了各种选项复杂度因素的变化对玩家体验的影响，因此它是一种更加简洁高效的选择过程体验分析法。但美中不足的是，这种方法无法展示出体验问题产生的原因。这是因为造成选择超时的因素很多，设计师只有通过可用性测试等更精确的分析手段才能找出影响玩家体验的具体原因。在 3.2 节利用双选模型分析《炉石传说》游戏体验的案例中，我们展示了如何利用选择时长分析法分析玩家在单局游戏体验中的乐趣变化。在该游戏中，游戏机制主要通过选项复杂度的变化构建乐趣体验，但与《昆特牌》不同的是，该作品的策略复杂度影响因素较多，难以通过分析某个具体因素的变化来判断玩家每局的对战体验，因此我们通过分析选择时长的超限情况来更高效地发现体验问题。

7.2.1 节介绍了选择模型分析法的核心内容，其中主要包含两部分：**选定模型**和**模型分析**。在选定模型的部分中，设计师需要基于选择场景的特点确定适合的选择模型并将相应的机制规则统一成选项收益、选项难度、选项收益认知难度等在模型分析中需要用到的信息。在模型分析过程中，设计师通过关键选择场景分析法和连续选择场景分析法分析游戏机制对玩家体验的影响。其中在关键选择场景分析中，设计师不仅可以利用动态收益公式法分析目标玩家在相同选择场景下的体验感受是否符合游戏体验目标，还能够通过观察选择模型中的特殊选择状态来发现游戏机制存在的体验问题。而在连续选择场景分析过程中，设计师需要关注选项收益和选项复杂度的变化对玩家体验的影响是否符合游戏体验目标。

| 思考与实践 |

1. 单选、双选和博弈模型的适用分析场景是什么？

2. 分析选择模型时重点关注哪几个方面，它们对体验的影响方式是什么？

3. 利用选择模型和动态收益公式发现体验问题的步骤有哪些？

4. 动态收益公式的分析原理是什么？

5. 模糊建模法的手段有哪些？

6. 当选择收益固定而选择手段不同时应如何分析玩家体验？

7. 在分析连续选择场景的体验时应该关注哪些内容？

7.3 本章小结

游戏设计思维是游戏用户体验设计师需要具备的重要设计能力之一，本章重点介绍了需求循环和选择模型这两种游戏设计思维。其中需求循环的体验关注点主要包括合理性、过程体验和理解难度。选择模型的体验关注点则是基于不同模型特点的**关键选择场景体验**和**连续选择场景体验**。

这两种设计思维是笔者通过多年的游戏经验而总结出的通用性较强的设计思维，可以帮助设计师分析大部分游戏的体验效果。其中，需求循环的设计思维更多的是从游戏整体设计架构出发，思考如何将产品目标和玩家需求结合得更好，而选择模型分析法则适用于对关键的游戏机制进行深入分析，从而提升游戏核心内容的体验效果。

在实际工作中，设计师需要从游戏的产品目标角度出发，思考这两种游戏设计思维在体验分析中的重要性，合理地选择适合的思维方法。例如，在角色培养类 F2P 游戏中，玩家体验和游戏盈利主要依托于游戏内容之间的需求关系，因此设计师在分析游戏体验时应该将主要精力放在分析需求循环的体验问题上。在分析竞技类游戏时，由于游戏的体验目标和玩家付费的动力都取决于核心对战内容的乐趣性，因此设计师应该通过选择模型分析法重点关注对战机制的体验感受。

在游戏设计领域存在着大量的游戏设计思维，它们之间既可能相互依存、互为补充，也可能相互排斥、各有优劣。但最重要的是，设计师应该形成自己的游戏设计思维，并能够将其应用到游戏的设计与优化中，通过不断地实践完善自己的设计思维，最终以自己的方式发现创造游戏体验的本质。

第 8 章 | **视觉原理**

在游戏的表现层设计中，设计师会应用大量的视觉原理来影响玩家的游戏行为和认知方式，从而使玩家获得符合预期的体验效果。视觉原理是人类的视觉系统在成像过程中所形成的图像处理原理，它主要源于人类的生物学成像原理。在视觉成像过程中，每个成像步骤中都拥有不同的视觉原理，并且这些成像步骤会影响不同的视觉行为。因此当我们需要影响玩家的视觉行为时，就可以利用对应成像步骤中的视觉原理实现相应的影响效果。图 8-1 列出了视觉成像的主要步骤和相应的视觉原理。

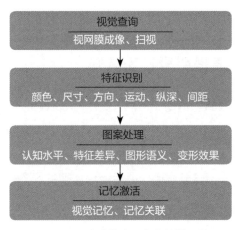

图 8-1 不同成像步骤中的视觉原理

图 8-1 将视觉成像过程分成了 4 个步骤，分别是**视觉查询**、**特征识别**、**图案处理**和

记忆激活。其中：

- ⊙ 视觉查询是眼睛查找视觉信息的过程，该过程决定了眼睛获取信息的效率；
- ⊙ 特征识别是对信息的视觉特征进行识别的过程，它决定了注意力的分配方式；
- ⊙ 图案处理是将视觉特征整合成复杂图像的过程，它主要决定了我们对信息的理解方式；
- ⊙ 记忆激活是根据图像内容建立记忆或产生记忆关联的过程，它决定了我们看到视觉信息后的精神反应。

在各个视觉成像步骤中，我们还列出了视觉设计中常用的视觉原理，通过利用这些视觉原理就可以影响对应步骤中的视觉行为。例如，当我们期望提升某个信息的吸引力时，就可以从影响注意力分配的特征识别步骤中，选择提升信息的颜色差异来实现此效果。

| **关键点提示**：不同成像步骤中的视觉原理影响效果与该步骤所影响的视觉行为有着密切关系。

值得注意的是，由于视觉原理的主要依据是生物学成像原理，因此运用视觉原理的设计内容可以有效地忽视个体差异在视觉认知上的影响，让大部分玩家能够获得相同的认知效果。

下面将基于视觉成像原理的 4 个步骤介绍对应的视觉原理及其设计应用，从而帮助设计师更加深入地了解视觉原理对游戏视觉设计的影响效果和应用方法。

8.1　基于视觉查询原理引导玩家认知

视觉查询是我们通过眼睛的运动（简称"眼动"）收集外界信息的过程，它影响着眼睛获取视觉信息的效率。值得注意的是，由于视觉查询的方式与眼睛的成像特点有着密切的联系，因此下面将先通过一个实验了解眼睛的成像特点。

伸出自己的食指，盯住指尖的位置，然后感受视觉中心（指尖）的视觉清晰度到视野边缘的变化。

在实验过程中，我们会发现视野中心的清晰度要远高于视野边缘，并且当我们想要看清视野边缘时，还会产生移动眼球的本能反应。因此从该实验中不难发现，眼睛在不同区域的成像精度存在着一定差异。在观看时，越接近眼睛成像区域中心位置的信息越清晰，而越接近区域边缘的信息越模糊。这种成像特点使得眼睛只能清晰地获得有限范围内的视觉信息，但是由于我们每天会面对大量的视觉信息，并且需要实时地掌握这些信息的变化情况，因此为了能够满足快速获得大量视觉信息的要求，眼睛就需要通过快速的眼动迅速地扫描整个环境的各个部分。换言之，我们之所以感觉"一切尽收眼底"，是因为大脑会指挥眼睛以极快的运动速度（1/10 秒）去获取所需的信息，而我们将这种通过眼动获取信息的过程称为视觉查询。在视觉查询的过程中，眼睛会按照特定的顺序观察环境信息，这种观察方式也被称作"扫视"。扫视的过程类似于扫描仪的图片扫描过程，但是扫描顺序会因某些视觉因素的影响而改变。

| 关键点提示：眼睛能够清晰成像的面积很小，我们需要通过快速扫视才能完成视觉查询。

从前面可知，我们的眼睛只能看清有限范围内的物体，并且需要通过快速扫视才能获取大量的视觉信息。在视觉设计中，设计师可以利用这两个视觉原理来影响玩家的认知行为。下面将分别介绍这两种视觉原理在游戏设计中的应用。

8.1.1　提升观看效率，引导阅读顺序

通过前面的实验我们发现，眼睛的成像清晰度由视网膜中央向四周逐渐降低，越接近视网膜中央的信息越清晰，越接近边缘的信息越模糊。当需要观看的信息区域超出清晰成像的范围时，玩家就需要通过多次扫视才能完成阅读，而这无形之中降低了玩家的阅读效率。为了避免这种情况的发生，当界面中的信息量较多时，设计师就需要把关联性很高的信息放在一起，减少玩家的扫视行为。例如，我们会把常用的操作按钮放在一起，还会把存在逻辑关系的信息放在一起，从而提升视觉查询的效率。在计算适合的信息观看面积时，设计师可以根据玩家的观看距离计算出最佳的信息宽度和高度，从而提升玩家的阅读效率。

在平面设计中，当读者的观看距离为 30 ～ 35 厘米时，设计师在进行文本排版时给出的行宽不会超过 7 个英文单词（大约是 A4 纸竖向放置时的 1/3 宽度）。如果按照这个比例调整玩家的观看距离，就能知道不同观看距离下的最佳信息宽度。然而，不同游戏平台上的观看距离可能会存在很大的差异，因此当游戏在进行跨平台设计时，设计师需要特别关注观看距离的变化对玩家视觉查询效率的影响。

除了选择适合的信息观看面积外，设计师在游戏设计中还可以利用模糊成像的方式，

使游戏画面的信息层次感更加自然，如图 8-2 所示。

图 8-2　视野清晰度由中心向四周降低的画面效果

从图 8-2 中可以看到，视野的清晰度由中心向四周逐渐下降。这种设计更符合人眼"中间清晰，四周模糊"的成像方式，因此观看者感受到的画面更加真实、自然。不仅如此，由于画面中间的清晰度最高，玩家在观看游戏画面时会本能地将注意力集中在画面的中央位置，使得游戏画面的清晰度与眼睛的成像方式相互匹配，从而获得舒适的视觉体验。因此利用画面的模糊效果还能潜移默化地引导玩家的视觉焦点，使其落到设计师希望玩家关注的位置上。图 8-3 很好地展示了这种原理的应用效果。

图 8-3　利用模糊效果引导视觉焦点

观众在看到图 8-3 时会本能地将焦点放在画面右侧的士兵身上，因为该处的画面最清晰。

最后，由于眼睛成像面积有限，因此在视觉设计中，如果能够用较少的信息表达出游戏的内容，就能缩小信息面积，减少扫视距离，提升视觉查询效率。

8.1.2 提升阅读体验，引导玩家认知

由于我们采用扫视的方法进行观看，因此在扫视过程中就会存在先后顺序。对于设计师而言，这种扫视的顺序就是设计师需要关注的观看顺序。但观看顺序在一定程度上是后天形成的，例如从儿童时代就养成的从上到下、由左至右的阅读习惯，会促使我们习惯性地采用这种顺序进行视觉查询。这种后天形成的观看顺序，对我们的信息获取效率有着重要影响。图 8-4 中使用了两组内容相同但排版顺序不同的成语。我们可以通过快速地阅读左右两图中的文字来感受这种视觉习惯对阅读效率的影响。

行尸走肉	天下无双	下城临兵	战一水背
金蝉脱壳	偷天换日	龙藏虎卧	姬别王霸
百里挑一	两小无猜	气宝光珠	快不吐不
金玉满堂	卧虎藏龙	影绘声绘	纶经腹满
背水一战	珠光宝气	香天色国	日换天偷
霸王别姬	簪缨世族	爱相亲相	猜无小两
天上人间	花花公子	开花暖春	族世缨簪
不吐不快	绘声绘影	逃难翅插	子公花花
海阔天空	国色天香	日吉道黄	喜欢大皆
情非得已	相亲相爱	双无下天	空天阔海
满腹经纶	八仙过海	肉走尸行	已得非情
兵临城下	金玉良缘	壳脱蝉金	一挑里百
春暖花开	掌上明珠	堂满玉金	海过仙八
插翅难逃	皆大欢喜	外法遥逍	缘良玉金
黄道吉日	逍遥法外	间人上天	珠明上掌

VS

图 8-4 排版顺序对视觉查询的影响

通过阅读这两组成语可以明显地感觉到，左侧成语的阅读流畅度要远高于右侧成语。这是因为当我们阅读右侧的成语时，大脑会强制我们将从左至右的阅读习惯改为从右至左，这使得阅读过程非常不自然，从而降低了阅读效率和阅读体验。在这个测试中，我们不难发现，观看的本质就是一个注意力分配的过程，该过程由一系列与注意力相关的动作组成，迫使眼睛按照我们需要的顺序扫视。当扫视顺序符合观看者的阅读习惯时，

信息获取效率和获取体验会得到有效提升，反之则会下降。因此在视觉设计中，设计师需要按照符合用户扫视习惯的方式进行信息排版。例如，在界面设计规范中，强调了界面左上角应该放置最重要的视觉信息，而越靠右下角的信息则越不重要，如图 8-5 所示。

图 8-5　iOS 交互设计规范中的信息排版权重

　　图 8-5 中的排版规则是基于大部分用户由左上至右下的阅读习惯而确定的，而其背后反映的设计原则是"重要的信息放在开始，次要的信息放在最后"，因此在一些阅读顺序是由右至左的文化中，此规范并不能很好地体现出这一设计原则。

　　由于扫视过程中存在先后顺序，因此设计师可以利用信息的排版顺序影响玩家的认知方式，例如图 8-6 中的信息。

　　图 8-6 展示了两列信息，其中只有第一行的信息存在差别。在阅读过程中我们会发现，当阅读木制品开头的名词列时，我们会主动思考与材质有关的内容，而当我们阅读以生活用品开头的信息列时，则会联想

木制品	生活用品
椅子	椅子
桌子	桌子
碗筷	碗筷
书柜	书柜

图 8-6　利用位置关系影响认知方式

起各个名词在生活中的作用。从这个案例中我们不难发现，第一行信息先入为主地影响了我们的认知方向。在游戏的界面设计中，我们同样可以利用类似的方式引导玩家的游戏行为。例如，如果我们在促销界面优先让玩家看到商品的作用而不是折扣力度，就能将玩家的注意力转移到"我是不是需要这个"，而不是"这个值不值"的认知方向上。这种先入为主的认知引导可以与玩家的消费心理产生良好的结合，前一种认知方向更适合按需购买的玩家心理，后一种方向则比较符合捡便宜的消费心理。对于前一种消费心理，如果设计师能够在一些恰巧需要这些商品的场景下投放礼包，就能大幅提升玩家的关注度和购买意愿。

| **关键点提示：**调整信息的观看顺序可以引导玩家的认知方向，从而使视觉内容能够更加有效地引导玩家行为。

| **思考与实践** |

1. 人眼成像的清晰度方式是什么样的？
2. 人眼是通过什么方式获取信息的？
3. 如何通过阅读顺序影响观看者的认知效果？

8.2 利用特征识别原理提升信息辨识度

特征识别的过程是对视网膜的成像内容进行初步识别的过程。在这个过程中，我们的视觉神经会对图像的基本特征进行识别，从而找出符合需求的信息特征并进行更细致的观察。例如，当我们想找西红柿时，我们的视觉神经会对红色、圆形的东西更加敏感，而具备这两种视觉特征的物品就更容易在视觉查询的过程中被注意到。不仅如此，有些视觉特征还天然地具备视觉吸引力，总是能够产生跃然纸上的效果。例如，黑暗中的亮点，总是能够快速引起我们的注意。产生这种情况的原因是，我们会本能地关注特征差异明显的视觉信息。因此在游戏设计中，设计师可以利用这种视觉原理引导玩家的注意力分配方式。

经过对特征识别阶段的特征差异进行敏感度测试，科学家发现，在特征识别阶段，我们对颜色、尺寸、形状、方向、动静关系、纵深关系和间距上的差异非常敏感。为了能够有效地应用这些不同维度的注意力影响因素，我们将分别介绍它们的基本原理及其在设计中的应用方式。

8.2.1　通过颜色对比提升信息辨识度

颜色对比是利用视觉信息的颜色差异引导用户视觉行为的一种方法。这里所指的视觉信息不仅是用于表达具体含义的文字、图片等信息，还包括界面的背景、装饰纹理、分割线等辅助信息。在实际设计中，设计师可以根据信息的重要程度选择适合的颜色对比度，从而使玩家的注意力集中在重要的信息上。

为了能够更好地理解颜色对比对视觉行为的影响效果，我们可以通过观看图 8-7 中的圆点来获得更加直观的效果感受。

图 8-7　利用颜色对比影响阅读顺序

图 8-7 在 3 行不同的背景色上展示了不同颜色的圆点。当我们观看该图时，注意力更容易被最右侧的几个圆点所吸引，从而打乱了我们从左向右的阅读习惯。产生这种情况的原因是这些圆点与背景的颜色对比更强，而我们在特征识别过程中会本能地关注拥有强烈颜色对比的信息。因此无论我们如何控制自己的注意力，那些颜色对比明显的信息都会持续地引起我们的关注。此外，从图中还可以看出，上面两行圆点的视觉吸引力按照从右至左的顺序存在明显的减弱趋势，而最下面一行的吸引力趋势则并不明显。出现这种情况是因为我们对不同色系的色差敏感度存在一定差异。因此为了能够有效地利用颜色对比原理引导玩家的注意力，我们就需要了解视觉系统在不同色系中的敏感度差异，而决定这种差异的核心因素就是视网膜中的 3 种色彩感知细胞。

在视觉成像过程中，颜色的感知是由视网膜中的 3 种锥状细胞决定的。这 3 种细胞分别对蓝色、绿色和红色产生敏感反应。具体如图 8-8 所示。

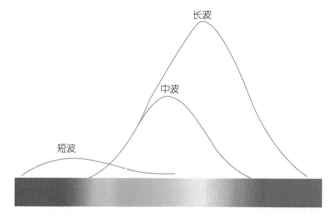

图 8-8　颜色敏感区域

图 8-8 显示了 3 种锥状细胞对不同波长颜色的敏感度。从图中我们不难发现，由于每种细胞单独负责一段颜色区域，因此当设计师使用的颜色分别处于不同细胞的敏感颜色域时，眼睛就会感受到强烈的色彩对比。根据这个原理，我们不难发现，黄蓝对比和红绿对比都是能够引起强烈对比的颜色组合。不仅如此，由于图中显示人眼对长波段的颜色敏感度最高，其次是中波和短波，因此我们很难区分蓝色区域上的色彩变化，而更容易区分绿色、黄色及红色区域的颜色变化。

综上所述，颜色对比的强烈程度与颜色所能激活的锥状细胞有关，如果颜色对比处于不同锥状细胞的最敏感区域，则这种对比关系就会非常醒目。因此，红绿对比是最强烈的颜色对比，因为这两组颜色可以激活大量中波和长波细胞，并且它们还处于这些细胞最敏感的颜色域。其次是黄蓝对比，这是因为我们对蓝色敏感的锥状细胞较少。而对比效果最弱的则是同色系的颜色对比。注意，由于人眼对蓝色系的敏感度较低，因此在其他条件相同的情况下，蓝色系的同色对比将更难引起视觉注意，如图 8-9 所示。

图 8-9 中以蓝色为中心，通过向色带两侧等距离取色后观察绿色和紫色在蓝色衬底上的

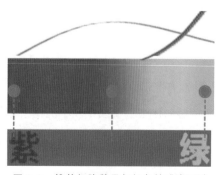

图 8-9　锥状细胞数量与颜色敏感度测试

清晰度。从图中可以看出，绿色在蓝色衬底上要比紫色清晰得多，这是因为紫色和蓝色激活的都是对短波敏感的锥形细胞，且这种细胞对短波色彩的敏感度较低。而绿色则能够激活与蓝色不同的中波细胞，且这种细胞对绿色的敏感度更高。

除了前面介绍的颜色辨识外，我们的眼睛还经常会对明暗变化非常敏感，这种明暗的变化在视觉设计中的应用就是颜色的亮度对比。在设计颜色时，亮度对比存在于每一种颜色之中，我们将每种颜色的亮度调整到最大就是白色，反之就是黑色，因此亮度对比的极限情况就是黑白对比。相较于蓝黄对比和红绿对比，亮度对比可以更有效地表达细节内容，如图 8-10 所示。

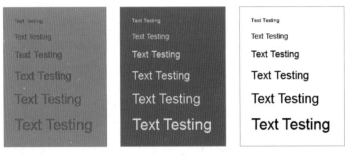

图 8-10　不同色差的清晰度对比

从图 8-10 中不难发现，红绿对比使我们很难看清文字的边缘，因此不善于表现画面中的微小细节。相对而言，黄蓝对比的文字效果要清楚很多，但可能是由于黄蓝对比同时包含了明暗对比的关系，因此用黄蓝对比展示信息时会显得有些刺眼。最后是在文字排版中常用的黑白对比，我们不难发现使用黑白对比的文本信息能够在任何字号下清晰地传递出文字内容，而黑白对比作为明暗对比的极端情况也恰恰证明了明暗对比在表达细节变化上的优势。不仅如此，明暗对比还能用于表达物体信息，例如黑白照片的成像方式就是明暗对比。如果将黑白照片中的信息换成红绿对比或黄蓝对比，则很难辨认出其中的内容。

| 关键点提示：红绿、黄蓝和明暗对比在表现面积较大的视觉信息时拥有相近的效果，但是明暗对比在表现面积较小的信息或微小的视觉差异时更有优势。

在游戏设计中，我们经常会利用颜色对比吸引玩家的注意力并且暗示玩家某些行为，例如在昏暗的通道中使用高亮的灯光引起玩家的注意，从而暗示其前进方向，如图 8-11 所示。

图 8-11 利用灯光与通道内的明暗对比形成路径指引

图 8-11 展示了一种场景化的路径引导设计。从图中我们不难看出，设计师虽然使用了场景化的提示方式，但是仍然通过比较强烈的颜色对比让玩家可以注意到这些高亮的区域，并引导其前往。此外，在游戏中对需要突出的物体增加对比色描边也是一种非常有效的视觉引导方法。图 8-12 展示了给图像增加描边后的清晰度对比效果。假设我们需要从图中找出 2 名穿着白色衬衫的人，现在我们感受一下最先被聚焦到的人应该是哪位。

图 8-12 使用描边效果的清晰度对比

通过测试不难发现，图中带有红色描边的角色可以快速吸引我们的注意力，而其他没有添加描边效果的角色则很难被快速辨认出来。该设计在很多FPS游戏中得到了应用，例如在《守望先锋》中，设计师为了帮助玩家快速分辨出敌对目标，就会在敌人身上添加颜色描边效果。但是在一些还原真实战争体验的游戏中，则不会采用这种设计，这是因为辨识目标的过程也是游戏体验的一部分。

值得注意的是，在游戏中常用的品质框颜色对比往往无法实现最好的颜色对比效果，因为背景色的色调和明暗度不同往往会导致低品质的物品边框颜色比高品质的边框颜色更容易引起注意。例如，在深色背景中的蓝色品质框就不如白色或绿色品质框明显。为了解决这种设计问题，设计师往往需要降低白色和绿色品质框与背景色之间的明暗对比。

除了通过颜色对比形成暗示性的提示外，游戏中的 UI 也应用了颜色对比的原理，使其在屏幕中能够一直保持清晰可见。此外，在一些游戏的文字描述中，关键信息会用不同的颜色标出，从而通过引导玩家的注意力，提升阅读效率。

| **关键点提示：** 不同的颜色对比强度可以引导我们的注意力，提升我们的观看效率。

8.2.2　利用外形和运动特征提升信息辨识度

在特征识别过程中，信息在尺寸、形状、方向和动静关系上的差异也会影响我们的注意力分配方式。一般来说，大块的信息更容易被发现，而小块的信息则需要更长时间的视觉查询才能找到。形状特殊的信息更容易引起我们的注意，而形状雷同的信息则很难被找到。朝向相反的信息很容易被发现，而朝向相似的信息则不容易被发现。在静止的环境中，运动的信息可以迅速引起注意，而静止的信息则很容易被忽视。图 8-13 展示了不同的对比关系对我们的注意力影响。

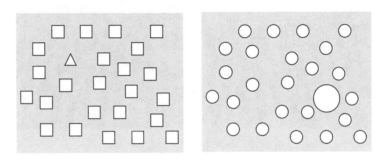

图 8-13　形状、尺寸、方向、运动与静止的对比效果

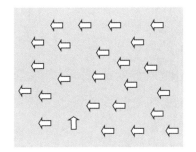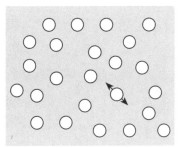

图 8-13 （续）

注意，所有的对比设计都需要通过"参照物"才能实现其设计效果。例如"大"尺寸的信息是需要有"小"的信息作为参照，而信息在形状、朝向上的差异也需要有相应的参照物才能实现对比效果。例如，文字的设计方式也可以应用特征识别中的设计原理，如图 8-14 中的数字。

$$1\ 2\ 3\ \triangleleft\ 5$$

图 8-14 数字排版中的注意力引导

在观看图 8-14 时，我们会先注意到数字 4。产生这种情况的原因是该数字与周围的数字形成了一种特征对比关系。图 8-15 展示了排版过程中所形成的方向对比关系。

图 8-15 排版中的方向对比

在图 8-15 中，我们的眼睛会把每个数字当作一个矩形区域进行处理，而矩形区域的朝向差异很容易引起我们在特征识别阶段的注意。除了利用方向对比外，在文字排版中我们还可以利用文字组成不同的排版形状，利用形状差异组成对比或通过调整字号形成尺寸对比，如图 8-16 所示。

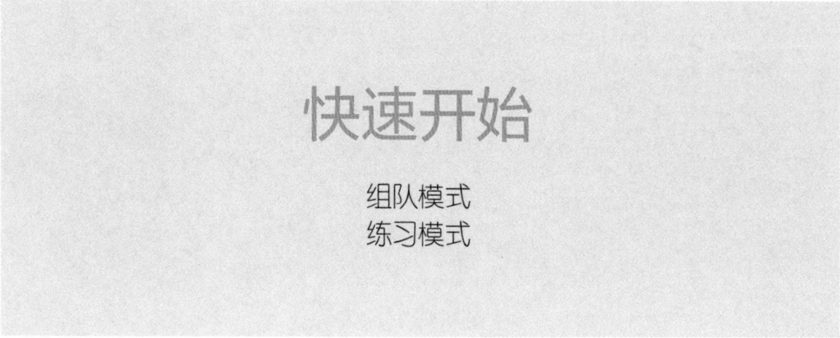

快速开始

组队模式
练习模式

图 8-16　通过文字尺寸和颜色差异引导玩家的注意力

在进行特征识别的过程中，视觉特征的对比效果也能像颜色对比一样存在不同对比强度，如图 8-17 所示。

从图 8-17 中不难发现，图中的三角形要比圆角矩形更容易被注意到。这个案例告诉我们，当我们在使用形状差异作为特征识别方式时，形状差异越大，视觉吸引力越强。同理，在应用尺寸差异、方向差异和动静差异时，也存在类似的情况。在游戏的视觉设计中，越重要的内容越需要使用明显的特征差异。例如，游戏中的升级提示在动效设计上就会和周围的视觉环境形成明显的差异，而邮件提示就会使用特征差异较

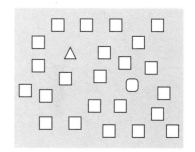

图 8-17　找出两个不同的图形

小的动效。不仅如此，为了增加信息的辨识度，我们还会用不同的形状和尺寸区分容易混淆的视觉内容，例如使用菱形作为技能图标、方形作为物品图标、圆形作为角色头像，从而让玩家能够快速区分出图标的作用。

| **关键点提示：**不同的形状、尺寸、方向和动静差异程度，也能影响视觉信息对玩家的吸引力强度。

最后需要强调的是，在识别存在明显差异的视觉特征时，参照信息的数量不会影响我们的识别效率，如图 8-18 所示。

图 8-18 中展示了两组参照物数量不同的图片，无论在哪幅图中，我们都能立即发现图中的星形图案。因此在游戏设计中，只要视觉信息拥有足够的特征差异，无论游戏画面的信息量有多少，都可以被玩家清晰地看到。

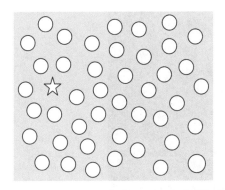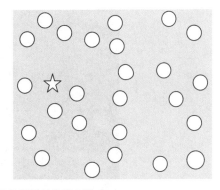

图 8-18　参照物数量不同的视觉特征识别效率

8.2.3　利用纵深关系引导玩家注意力

在特征识别过程中，还有一种能够引起我们本能关注的特征差异是纵深关系。由于我们看清某个物体前需要像照相机镜头一样进行光学对焦，因此处于焦点处的物体就会非常清晰，而在焦点纵深方向上的物体，距离越远则越模糊。通过模拟这种纵深关系，设计师可以快速引导玩家的注意力，如图 8-19 所示。

图 8-19　纵深对比

在图 8-19 中，我们的注意力很容易集中在 CAKE 的字母上。这是因为图片中不同信息的清晰度模拟了焦点成像时的清晰度对比关系，使我们认为自己的视觉焦点处于 CAKE 的位置而不是后面的数字。在游戏设计中，设计师利用背景模糊的效果可以有效地渲染游戏气氛并引导玩家的注意力，如图 8-20 所示。

图 8-20 展示了背景模糊的设计效果，从两图的对比中可以发现：上面使用了背景模糊效果的界面设计，更容易将观看者的注意力聚焦在角色形象和 UI 控件上；下面没有使用背景模糊效果的界面设计，则会分散观看者的注意力。因此，当界面信息量较大时，设计师可以通过对部分信息进行模糊处理，帮助玩家将注意力集中在重要的信息上，而那些被模糊处理的信息仍然可以起到渲染游戏气氛的作用。

图 8-20　利用纵深对比突出重要信息

除了可以通过清晰度快速地识别出纵深关系外，我们还可以通过遮挡关系、辅助线、阴影关系、大小对比、位置对比来识别出纵深关系。虽然这些视觉原理都可以用于表达信息之间的远近关系，但是对玩家视觉注意力的引导效果参差不齐，如图 8-21 所示。

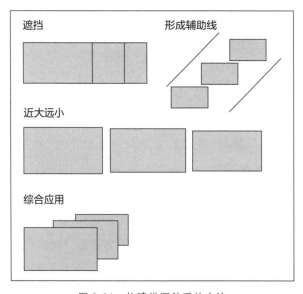

图 8-21　构建纵深关系的方法

图 8-21 展示了几种构建纵深关系的方法，从图中不难看出，单独使用其中的一种方法，并不能很好地建立起纵深关系，因此注意力的引导效果也不理想。不过当设计师同时应用多个能够构成纵深关系的视觉原理时，我们的注意力就很容易落在距离自己"最近"的信息上。

在游戏设计中，遮挡关系经常应用在游戏中的弹窗、TIPS 或者通知提示上。设计师利用不同的背景遮挡住原有的游戏画面并展示出玩家需要注意的内容。尤其是，如果能把不同的纵深原理应用在一起，就可以使游戏的信息画面显得非常立体，如图 8-22 所示。

图 8-22　利用纵深关系构建空间感

图 8-22 展示了利用纵深关系构建空间感的设计。设计师首先通过游戏场景与玩家角色和界面信息之间的清晰度差异，突出了界面上要表达的主要信息。随后通过调整 UI 的角度形成了纵深关系上的辅助线效果，引导玩家的阅读顺序。美中不足的是，由于界面使用了从右向左纵深设计，导致右侧的信息更容易引起注意，这种引导方式与我们从左到右的阅读习惯存在一定冲突。

8.2.4　通过信息间距影响玩家认知

在特征识别阶段，当信息之间的间距差异较大时，也能被快速识别出来。下面将通过 3 个不同的间距设计来说明间距差异对辨识效率的影响，如图 8-23 所示。

图 8-23 展示了最右侧小球与左侧两个小球的间距变化。从图中不难发现，第一行的间距差异需要仔细辨认后才能发现，而下面两行的差异则可以被立即发现，其中最下面一行的间距差异在我们看到该行一瞬间就能够注意到。从这个例子中我们发现，间距差异越大，识别的效率越高。产生这种情况的原因是我们的眼睛无法精确地估算长度，而宽度的间距恰恰需要用长度关系进行估算。因此如果要让玩家在间距差异很小的情况

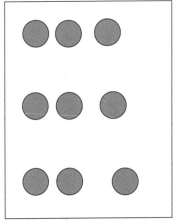

图 8-23　间距辨识效率

下还能注意到间距的不同，就需要在间距之间增加参照物。在图 8-24 中，我们在右侧的小球之间加了连线，这使得观看者能够以直线的长度为参照更加直观地观察 3 个小球的间距，从而更快地发现间距差异。

图 8-24　参照物对间距辨识效率的影响

信息间较大的间距差异除了可以被迅速辨识外，还能有效地影响我们的认知。在观看过程中，我们会本能地认为间距较小的信息之间存在更强的关联性，而间距较大的信息之间没有什么关联。这种本能的认知效果几乎不会受到信息内容的影响，如图 8-25 所示。

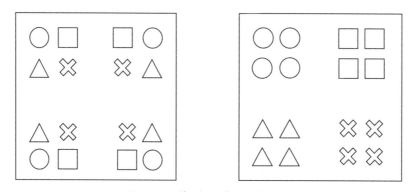

图 8-25　利用间距进行信息分组

图 8-25 利用间距差异展示了两种分组方式。从图中可以看出，无论采用哪种分组方式，我们始终会认为图片中的信息被分成了 4 组，并分别位于图片的四角。由于间距可以有效地实现不同内容的信息分组，因此在游戏设计中，利用不同间距进行信息分组的情况非常普遍。通过间距差异，设计师可以有效地表达出图片、文字甚至是模型等不同类型信息之间的逻辑关系。

| 思考与实践 |

1. 在特征识别的过程中能够被清晰辨识的视觉差异有哪些？

2．哪几种颜色对比最明显？其中哪种颜色对比最能清晰地展现出图像细节？

3．举例说明某款游戏如何利用颜色对比引导玩家的行为。

4．在特征识别过程中，除了颜色差异外还有哪些视觉差异会影响观看者的注意力分
　配方式？

8.3　基于图案处理原理的视觉传达

图案处理阶段是视觉系统将不同的视觉特征整合成复杂图像的阶段。在这个过程中，
我们的视觉系统会将颜色、形状、尺寸等在特征识别阶段所辨识的信息关联起来，形成
更加复杂的图形。我们通过一个简单的案例来感受一下视觉系统是如何完成图案处理的。
图 8-26 中列出了不同线段所组成的正方形轮廓。

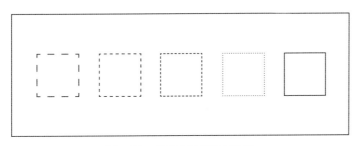

图 8-26　轮廓的视觉特征关联

从图 8-26 中不难看出，左侧的几个正方形是由不连续的线段组成的，而这些线段其
实并没有构成真正的正方形。即便如此，当我们看到这些线段时，仍然会本能地将它们
当成正方形的图案进行处理。不仅如此，随着图中从左至右的线段间距越来越小，线段
的个体信息会变得越来越弱化，而正方形的整体效果则会越来越明显。产生这种认知效
果的原因是，我们会本能地将视觉特征相同且间距较小的信息关联成某个整体的一部分，
并且这种关联效果会随着间距的缩小而增强。不过，虽然我们能够本能地将不同的视觉
特征关联成更复杂的图像，但是这种关联效果需要基于某些特定的视觉特征才能实现，
如图 8-27 所示的 3 个图形。

图 8-27 展示了不同的视觉特征所引起的图像关联效果。从图中不难发现，左侧两
个图形很难被关联成更大的图像，而最右侧的图形则很容易形成三角形的图像关联效果。

产生这种现象的原因是我们在进行图像处理时，会基于图形的关键特征确定其外观。因此当我们看到能够代表关键特征的信息时，很容易将整体的图像效果补充完整，但看到非关键信息时，则很难完成这种图像补充。

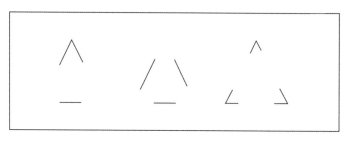

图 8-27　关键关联信息

由于我们对复杂图像的识别是通过关联不同的视觉特征完成的，因此视觉系统能否正确关联出图像信息将对用户的认知产生重要影响。下面将通过介绍 4 个影响图案处理结果的主要因素来帮助设计师了解如何帮助玩家建立正确的认知效果。这 4 个因素分别是：**认知水平**、**特征差异**、**自然语义**和**变形效果**。

8.3.1　认知水平

在图像处理过程中，我们能否正确地关联复杂图形与个人的认知水平存在很大的联系。其中，认知水平是大脑对不同视觉信息的理解能力，而这些理解能力决定了我们对视觉信息的关联方式。例如，外科医生可以快速地看出 X 光片上的病灶，是因其见过大量的病灶图形信息，从而可以基于 X 光片上的视觉信息关联出类似的病灶图形。伐木工可以根据树桩上的年轮准确地判断树龄，是因其可以将不同的纹理以正确的方式关联在一起。图 8-28 展示了英语水平不同的人在看单词时的图像处理差异。

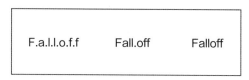

图 8-28　单词的图像处理差异

在图 8-28 中，我们通过圆点阻断字母之间的关联关系，用于模拟不同英文水平的人在看到单词时的图形关联方式。其中，最左侧以字母为单位的关联形式模拟了完全不认识这个单词的人的认知水平。在这种水平下，观看者只能将单词中的各个字母当成独立的图形单元进行辨认，无法形成整体的图形辨识。而位于中间位置的 Fall.off 则表示了认识 Fall 和 off 这两个单词的人的认知水平。达到这种水平的观看者虽然不认识整个单词，但是他们会本能地用外观最接近的单词对 Falloff 进行关联。最后在图中最右侧的单词关联形式模拟了完全认识 Falloff 的人的认知水平，达到这个水平的观看者可以完整地关联出整个单词。通过这个案例我们不难发现，在图像处理过程中，如果我们无法准确地关联出某个视觉信息，就会基于我们所熟悉的近似图形进行关联。因此如果要让玩家能够建立起准确的图案认知，就需要让设计能够符合玩家的认知水平，并且避免使其出现错误的图形关联。图 8-29 展示了不同的图标设计对玩家图案处理结果的影响。

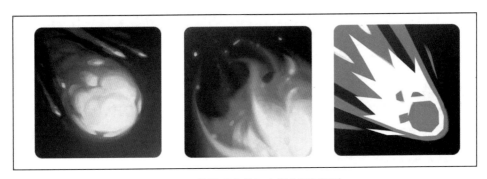

图 8-29　基于玩家认知水平的图标设计

图 8-29 展示了不同风格的法术技能图标。在这 3 个图标中既有写实风格也有扁平风格，其中左侧的图标很容易建立起"火球"的图像处理效果，因为它与玩家过往的游戏经验非常接近，而中间的图标既可以表示火球，也可以表示篝火或者其他与火焰相关的内容，这是因为在图像处理过程中该图像能够与观看者两种不同的认知经历相匹配，所以很容易形成图像处理方面的多种结果。最右侧的扁平化设计则可以引起更多的图像处理结果，这不仅是因为它所传递的视觉信息更少，更是因为它能够与更多的认知经验相匹配，例如火球、冲击波、开炮时的火光等。因此在图标设计中，很多情况下能够决定玩家认知准确度的并不是信息的详细程度，而是图标与玩家过往经验的近似度和精准度，能否使其完成正确的图案处理过程。

| **关键点提示：** 能够让玩家正确建立图案处理结果的关键是，视觉信息符合玩家的认知水平且只与正确信息建立充分的联系。

8.3.2　特征差异

在图案处理的过程中，我们不仅可以识别视觉特征所组成的整体信息，还能识别单独的视觉特征。在图 8-30 中，我们通过视觉关联看到了左侧的圆点组成了和右侧一样的三角形。不仅如此，通过对视觉特征的识别，我们还会在左侧的三角形中看到单独的圆点。

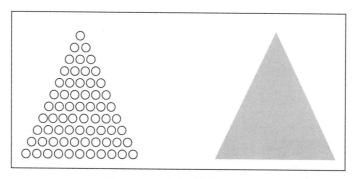

图 8-30　图形的视觉特征关联

这种既能关注局部特征又能构建整体图像效果的图像处理方式，使得设计师可以在相同的界面结构下创造出不同的视觉体验。例如，在布局相同的界面上使用不同风格的拟物化视觉元素，可以创造不同的视觉体验。

由于我们既可以看到视觉特征所组成的整体画面，又能注意到具体组成单元的外观特点，因此当使用具有强烈对比关系的视觉特征叠加出不同的复杂图形时，我们可以同时看到这些视觉特征所组成的不同图形效果。

基于这种视觉原理，我们在游戏设计中也可以利用带有明显特征对比的视觉信息叠加出多个信息层，并保持它们清晰可见，如图 8-31 中的地图设计。

图 8-31 所示的地图设计中使用了不同视觉特征的叠加效果。在该设计中，设计师利用颜色和形状上的特征差异清晰地表达出了玩家所需的各种信息。从图中我们可以看到，当这些信息在地图中心的位置叠加时，仍然清晰可辨，这是因为它们之间存在足够大的视觉特征差异。

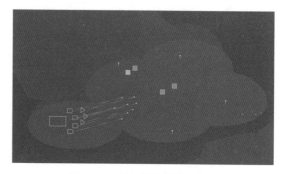

图 8-31　科幻游戏的地图设计

8.3.3 图形语义

在图像处理过程中，我们可以基于不同图形的组合方式快速地理解它们之间的逻辑关系。这种认知效果是基于我们在日常生活中的经验积累和大脑本能的视觉惯性所自然产生的，我们将它们称之为图形语义。图 8-32 展示了几种常见的基础语义。

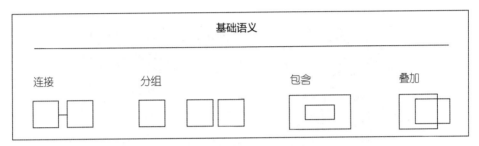

图 8-32 视觉信息的常见图形语义

图 8-33 展示了常见的图形语义：连接、分组、包含和叠加。通过组合使用这 4 种语义关系，我们可以在界面设计中构建出大量的视觉语义，从而让玩家直观地了解不同信息间的逻辑关系。

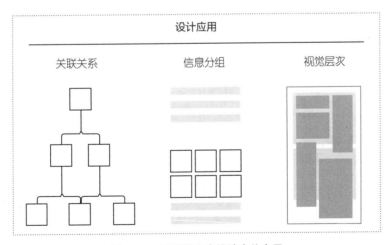

图 8-33 图形语义在设计中的应用

图 8-33 展示了不同的基础图形语义组合可以构建出信息结构更加复杂的界面效果。由于使用的都是可以被快速理解的基础语义，因此这些界面上的信息关系非常容易理解。在进行风格设计时，我们可以改变元素的尺寸、外形、颜色等不同的视觉特征，但

是尽量不要改变表达视觉信息关系的图形语义，因为这会很容易导致玩家产生错误的认知。

图 8-34 展示的界面虽然在色调、布局和外观设计上都使用了独特的设计，但是观看者仍然可以分辨出不同信息所代表的意思以及它们之间的关系，这是因为基础的图形语义是保障玩家能够正确理解信息关系的必要条件。

图 8-34　重度风格化的界面设计

8.3.4　信息变形

在图案处理阶段我们还能够辨识出存在一定变形的图形信息。这种图案处理能力使得设计师可以通过更加多样化的视觉效果来表达相同的意思，如图 8-35 中的文字设计。

在观看图 8-35 中的文字时，我们可以直观感受到，即使文字存在一定的变形，也能被我们正确地识别出来。不过这种识别能力同样存在极限，在图形的变形的过程中，关键视觉特征的变形越大，图像的识别难度越高，如果关键视觉特征的变形效果超出了视觉系统的识别范围，我们就无法辨识这些存在变形效果的视觉信息。

图 8-35　文字变形

由于轻微的图像变形不会影响我们对信息辨识的效率，因此在游戏设计中，我们可以通过对视觉信息进行简单的变形来创造独特的视觉体验，如图 8-36 右侧的武器菜单。从图中我们可以看出界面中的武器图标发生了一定的变形，但是由于这种变形效果没有对信息的关键视觉特征产生影响，因此玩家仍然可以流畅地完成阅读。

图 8-36　信息变形

对变形效果的识别能力同样体现在一些图标或字体的风格设计中。在这些设计中，设计师通过调整文字和图标的视觉特征，从而创造新的设计风格。图 8-37 中的字体很好地应用了这个设计原理。

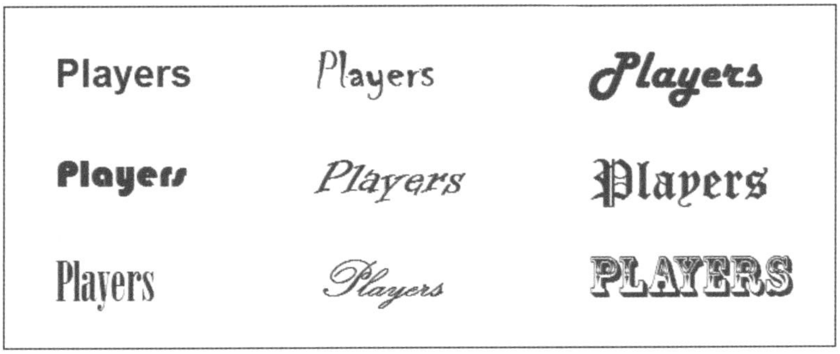

图 8-37　基于变形识别的原理设计不同风格的字体

图 8-37 展示了多种风格迥异的字体样式，无论这些字体的外观如何变化，带给我们多么不同的视觉体验，我们都可以准确地辨识出它们所表达的是相同的意思。能够实现这种效果的原因是，在设计不同风格的字体时，设计师会让代表文字的关键视觉特征与标准字体保持近似，而在一些非关键特征上利用不同的视觉差异创造各自的视觉风格。

| 思考与实践 |

1. 如何基于信息关联的原理，利用较少的视觉信息准确地表达信息内容？

2. 如何确保图像内容能够被观看者关联成正确的视觉信息？

3. 如何在相同的区域内清晰地展现出不同的信息内容？

4. 至少列出 3 种基础的图形语义关系。

8.4 通过记忆激活建立游戏体验

视觉成像的最后阶段是记忆激活的过程，在这个过程中我们可以根据不同的视觉信息建立视觉记忆或产生记忆关联。其中，建立视觉记忆是指我们能够记住所看到的内容，产生记忆关联是指我们能够根据看到的内容唤起相关记忆。例如，我们会记住经常见到的人并且在见到他们时还能想起与他们有关的事情。其中记住经常见到的人就是建立视觉记忆的过程，而想起与其有关的事情就是记忆关联的过程。值得注意的是，建立视觉记忆和产生记忆关联有时是我们刻意而为之的。例如，当玩家在阅读游戏操作说明时，他需要通过建立视觉记忆将游戏规则记在脑中。当玩家在选择武器时，他需要通过武器的外观差异建立功能上的记忆关联。但是有些时候我们的大脑也会本能地建立记忆关联。例如，当我们看到儿时的照片时，往往会本能地想起拍照时的情境或与之相关的事情。

在游戏设计中，记忆激活的过程与游戏的易学性、易用性和情感化设计都存在着密切的联系。下面我们将通过详细介绍视觉记忆的建立过程和记忆的关联方式来说明这两种记忆激活方式对游戏体验的影响。

8.4.1 视觉记忆的建立与体验优化

建立视觉记忆的过程不仅是我们记住图像信息的过程，还是我们基于图像信息掌握相关知识的过程。这是因为建立视觉记忆的同时，我们不仅会记住图像信息，还会记住相关的抽象信息。例如，识字的过程中，我们不仅会记住文字的外观，还会记住其所代表的意思。在建立视觉记忆的过程中，记忆的持续时间和建立效率对信息获取效果有着非常重要的影响。一般来说，视觉记忆的持续时间越久，建立速度越快，记住的内容越清晰，意味着我们获得信息的效率越高。在游戏中，玩家同样需要根据体验需求获取大量的参考信息，因此视觉记忆的建立过程对玩家体验同样有着重要影响。

视觉记忆根据其用途也可以分为**临时记忆**和**长时记忆**，并且它们的建立效率也存在着差异。下面介绍这两种不同的记忆类型及其在游戏中出现的场景，帮助设计师了解视觉记忆的建立原理对游戏体验的影响效果。

在生活中，我们虽然能够通过建立视觉记忆将大量的视觉信息记录在大脑中，但是其中大部分会被很快忘记，这是因为它们只是出于短时需要而被大脑临时保存，我们将这种记忆称作临时记忆。临时记忆的存续时间从 1/10 秒到几秒不等，并且多用于一次性工作，例如拨打不常用的电话号码、查询订单号、输入验证码等。由于这些一次性工作大多需要依靠临时记忆才能完成，因此临时记忆的持续时间是否满足一次性工作的记忆要求将会对用户体验产生巨大的影响。例如，当临时记忆的持续时间不足以满足完成工作所需的记忆时间时，就会迫使用户重新建立视觉记忆，导致用户体验下降。在生活中，我们经常会遇到临时记忆时长不够的情景，例如当我们在手机上输入六位数字验证码时，必须要快速记住短信中的验证数字并抓紧时间输入，因为输入验证码所用的时间与临时记忆的持续时间非常接近，一旦超时，我们就会很快忘记验证码，导致自己需要进行额外的工作才能重新建立视觉记忆。

在游戏设计中，同样存在着大量的需要依靠临时记忆才能完成的一次性工作。例如，击败任务怪、前往特定地点、输入宝箱密码等。在玩家完成这些临时性工作时，设计师同样需要注意临时记忆的持续时间能否满足完成任务所需的记忆时长。例如，当任务要求玩家前往特定地点时，如果移动时间过长，玩家就需要反复打开地图、确认自己的行进方向是否正确。为了减少这种反复建立视觉记忆的负面体验，设计师可以从两个方面优化设计：

1）缩短临时工作的记忆时长要求，使其小于临时记忆的持续时间；

2）提升临时记忆的建立效率，减少玩家的脑力付出。

我们继续以玩家前往特定地点的任务为例说明如何优化任务的记忆体验：从缩短临时工作的记忆时长要求上来看，设计师可以通过缩短玩家的任务距离，减少其移动时间，来降低记忆的时长要求。但是这种设计会大幅限制任务地点的设计方式，提升任务地点的设计难度，因此为了获得更好的游戏体验，设计师应该通过提升视觉记忆的建立效率来缓解反复建立临时记忆所造成的负面体验。例如，在主界面上设计实时的方位指引，提升玩家的查询效率，使其无须为了反复建立视觉记忆而消耗过多的精力。图 8-38 展示了某些开放世界游戏的路径提示设计。

图 8-38 中，为了避免玩家出现反复查询地图的负面体验，该开放世界游戏在界面中加入了目的地方位提示，使得玩家可随时检查当前的行进方向是否正确。这种设计大幅提升了临时记忆的建立效率，因此即使行进路线较远，也不会给玩家造成太大的记忆负担。

图 8-38　主界面顶部的目的地提示

| **关键点提示：** 在游戏设计中，需要建立临时记忆的场景很多，为了减少玩家的记忆量、提升游戏体验，我们需要关注各个场景中玩家需要知道的信息，尽量提升这些信息的查询效率，减少玩家建立临时记忆的难度。

除了临时记忆外，我们在观看的过程中还会建立保存时间更久的长时记忆。这种记忆的持续时间可以是数天甚至是数十年，但是其建立效率也非常低。如果需要对信息建立长时记忆，就要通过相应的记忆活动反复加深这些信息的记忆效果，才能使其转化为长时记忆。例如，在学习开车的过程中，每一次成功的驾驶操作都会加强我们的记忆效果，当操作的成功次数足够多时，我们就会形成驾驶汽车的长时记忆，从而掌握驾驶汽车的能力。由于长时记忆的持续时间非常长，足以应对绝大部分的任务需求，因此在优化基于长时记忆的游戏体验时，我们关注的是如何帮助玩家更加高效地建立长时记忆。在这方面最重要的参考是学习金字塔，如图 8-39 所示。

图 8-39 中的学习金字塔展示了通过不同的学习方式建立长时记忆的效率。其中，

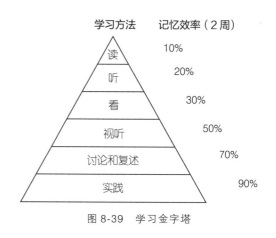

图 8-39　学习金字塔

通过实践建立的长时记忆，可以使学习者在两周后仍然保持 90% 的记忆率。这是因为我们在建立长时记忆时，感官刺激越丰富，思考越充分，记忆效果越好，而实践的形式恰恰在这两方面要优于其他的记忆建立形式。虽然这里提到了实践的过程是建立长时记忆最好的方法，但是并不意味着我们建立长时记忆不再依靠视觉系统，只是我们在实践过程中所看到的内容能够更好地帮助我们建立长时记忆而已。

在游戏设计中，建立长时记忆的阶段大多集中在游戏的新手引导中，设计师通过新手引导帮助玩家建立长时记忆，使其掌握相关的游戏信息和操作技巧，从而确保玩家在后续的游戏内容中能够获得符合预期的游戏体验。为了确保引导效果，设计师大多需要设计专门的关卡或者游戏场景才能为玩家创造出实践引导内容的机会，而这些单独的设计不仅需要占用大量的开发资源，还会增加引导玩家的时间，使其无法快速体验正式内容。为了能够让玩家更快完成引导并使开发量维持在一个合理的水平，我们可以基于引导内容的重要性和玩家的学习难度，确定不同游戏内容的引导方式，从而达到节省开发成本、提升玩家体验的设计效果。图 8-40 展示了基于引导内容的重要性和学习难度划分出的坐标象限。

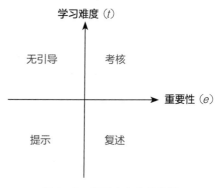

图 8-40 引导内容分析象限

在这个象限中，我们用引导内容所需的必要游戏时长表示学习难度，用引导内容对游戏体验影响的百分比表示内容的重要性。坐标原点的数值是设计师根据玩家类型和游戏特点定义的时长值和重要程度。例如，对于规则比较简单但引导内容比较重要的游戏，我们可以将坐标原点的数值定义为游戏时长 1 小时和 50% 的内容重要性。如果是内容比较硬核但创新性较低的游戏，也可以将原点定义为 30 小时的必要游戏时长和 30% 的内容重要性。总之，这些数值上的定义完全取决于设计师对游戏内容的难度和体验重要性的判断。确定好分类象限的原点值之后，我们就可以将引导内容按照不同的游戏时长和重要性归入对应的象限中，再根据各个象限中标注的引导方式设计适当的引导形式。图 8-41 展示了卡牌对战游戏的新手引导设计。

对大部分玩家而言，卡牌对战游戏的规则学习难度大，因此游戏在新手引导阶段大量采用了情境实践结合实战考核的引导方式。这种引导方式不仅可以让玩家充分记住游戏规则，还能让玩家彻底理解如何应用规则取得胜利。然而由于这种引导对玩家的限制感太强，很容易造成游戏体验下降，因此不宜采用太多的引导次数。所以为了缩短引导周期，设计师一般只在新手引导阶段引导必要的游戏规则，而剩下的大部分规则都是基于玩家在之后的游戏中不断学习而来的。这种基于游戏体验不断学习的过程也是一种针对游戏规则建立长时记忆的过程。

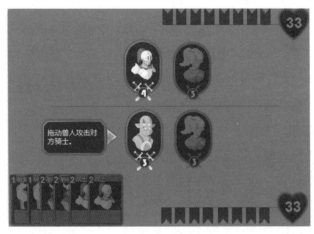

图 8-41　卡牌对战游戏的新手引导

与卡牌对战游戏的强引导方式不同的是，很多 FPS 游戏的新手引导则显得非常简单，因为这些游戏的规则相当直观且目标受众大多拥有丰富的相关游戏经验。但是很多FPS 游戏在获得具有新型功能的武器时都会通过在游戏中设计单独的关卡进行场景式引导，从而帮助玩家快速理解这种武器的使用场景。这是因为，新型武器的使用方法不仅对游戏体验有着重要的影响，而且也是玩家基于经验无法快速掌握的游戏内容。

| 关键点提示： 通过实践的方式虽然可以更高效地建立长时记忆，但是构建用于实践的学习场景往往需要耗费更高的制作成本并延长玩家的引导时间，因此设计师需要关注引导的设计效率。

除了关注长时记忆的建立效果外，我们还需要注意记忆效果随时间的退化情况。这是因为，长时记忆如果在一段时间内没有被再次调取，就会逐渐被大脑所遗忘。例如，大部分从事文职工作的人很难想起中学时代的理科知识，这是因为这些知识闲置的时间越久，人们越难想起它们。在游戏设计中，同样存在长时记忆被玩家逐渐遗忘的情况。

例如，当我们打开长时间不玩的游戏时，就很难想起游戏的操作方式，而且操作技巧也变得生疏。为了改善长时记忆退化，设计师可以采用两种方法：

⊙ 增加记忆次数——巩固记忆；

⊙ 适时的提示——唤醒记忆。

增加记忆次数是一种通过多次记忆提升长时记忆效果的方法。例如，在游戏的新手引导设计中，为了加强玩家的记忆效果，我们会通过不同的引导方式对重要的内容进行多次引导。这里需要强调的是，在多次引导中之所以需要用不同的方式引导相同的内容，是因为用相同的方式进行重复引导不仅会大幅降低游戏的乐趣，也无法帮助玩家从多个角度更加充分地理解引导内容。因此当设计师需要通过增加记忆次数提升长时记忆的效果时，需要考虑的是如何通过适合的引导频率从不同的认知角度帮助玩家建立长时记忆。其中，适合的引导频率是指在恰当的时间间隔下通过适合的引导次数，增强玩家的记忆效果。不同的认知角度是指通过不同的游戏引导场景帮助玩家从多个角度理解需要记忆的内容。在游戏设计中这两种方法经常同时使用。例如，在很多 FPS 游戏中，当玩家得到新型武器后，游戏会先通过视频或提示说明等方式直接介绍武器的特性，再让玩家处于某个特定的游戏场景中，使其能够最大限度地发挥出这种武器特性，帮助其通过实际操作直观感受这种武器的使用效果。在这两次引导中，设计师首先通过直观的视听方式帮助玩家记住武器的功能，随后通过实践的方式让玩家再次记住这种武器的适用场景及注意事项。虽然这两次引导都是对武器功能性的引导，但是设计师通过不同的引导方式和引导内容，从理论和实践两个方面帮助玩家理解了武器的功能价值及使用方法，从而提升了玩家的长时记忆效果。

此外，为了让游戏间隔时间很长的玩家也能快速上手，设计师还可以通过适时的提示帮助玩家在恰当的时机下想起相应的游戏内容。而这种适时的提示大多是基于一种界面自说明的设计原理。这种设计原理是通过增加适当的界面提示和操作反馈，帮助玩家快速回想起游戏规则。例如，在对应的游戏场景中设计师会通过适当视觉的形式提示当前可以操作的对象、相应的操作方式以及能够产生的结果等对当前游戏体验非常重要的规则。图 8-42 展示了卡牌对战游戏通过过程操作反馈展示游戏规则的设计。

从图 8-42 中可以看到，当玩家用自己的卡牌攻击对方卡牌时，可以直观地看到攻击对象、伤害结果等规则提示。这种提示设计可以随时增强玩家在不同游戏场景下的规则记忆。

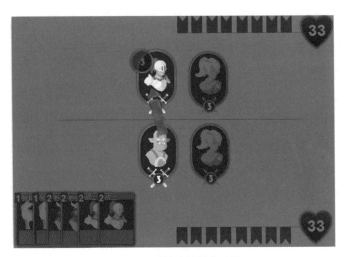

图 8-42　对战中的操作反馈

最后，无论是临时记忆还是长时记忆，我们的视觉记忆效率都会受到视觉信息处理能力的限制。由于视觉系统处理复杂图像的神经元数量要远远少于处理低级视觉特征的神经元数量，这就导致大量的图像信息在图案处理步骤中就已经被忽略，而我们处理复杂图像的能力有限，也限制了视觉记忆的建立效率。为了能够充分利用人们有限的视觉信息采集能力提升玩家的视觉记忆效率，设计师可以使用特征识别阶段和图案处理阶段的视觉原理对玩家的注意力进行引导，使其能够按照特定的顺序将注意力集中在关键的信息上，从而帮助玩家优先建立重要信息的视觉记忆。不仅如此，**设计师还可以基于玩家的使用场景，减少界面中的信息量，使其更加专注于建立关键信息的视觉记忆。**

8.4.2　基于记忆关联构建多种类体验

记忆关联是我们通过看到的视觉信息关联不同记忆的过程。常见的记忆关联形式可以被分成 3 类：图像关联、抽象关联、感官关联。

1. 图像关联

前面提到，经过视觉查询、特征识别和图案处理的成像步骤后，我们能够看清的视觉内容已经非常有限。但基于这些有限的视觉信息，我们却能产生"一目了然"的视觉体验。这是因为在观看过程中大脑会本能地基于所见内容调取过往的视觉记忆将图像信息"补充"完整，我们将这种基于视觉记忆补充图像信息的过程称作图像关联。我们所

"看"到的图像大约有 95% 都是依靠图像关联完成的，因此大部分的视觉图像是基于先前的图像记忆补充得到的，这使得我们很难注意到一些次要的视觉变化，例如办公桌上的笔筒挪了位置，商店货架上出现了一种新产品。因为这些次要的图像信息都是通过图像关联、利用先前的视觉记忆补充得到的，我们实际上并没有看到它们。

| **关键点提示：**图像关联的视觉原理能够让我们感觉看到了更多的视觉内容，却无法真正发现次要信息的变化。

在游戏设计中，很多"找不同"的游戏就是应用了这一视觉原理。玩家刚开始对比两幅图片时，很难发现其中的全部差异，而是需要反复对比它们之间的细节才能发现这些差异。

由于成像过程中的大部分图像是通过关联视觉记忆产生的，因此我们看到的大量视觉信息并不是其最新状态。然而在游戏过程中，关注实时的信息变化对玩家的游戏体验有着重要影响，因此为了能够让玩家注意到这些信息的变化，设计师就需要利用不同的视觉原理，引导玩家的视觉焦点，使其能够真正地看到这些信息，而不是通过视觉记忆将其补充完整。

图像关联虽然会对我们获取视觉信息的时效性产生影响，但是同样可以帮助观看者补充画面中缺少的内容，从而让设计师可以通过更少的视觉内容展现出更加丰富的表现效果。图 8-43 展示了两张不同的鸟类图片，左边的图片使用低多边形风格，而右边的图片则为真实照片。

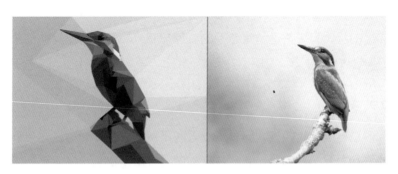

图 8-43　低多边形图片与真实照片

从图 8-43 中不难发现，虽然左侧图片展现的细节并没有真实照片丰富，但是我们仍然很容易感受到图片中的鸟具有相当高的真实性，这是因为视觉系统会根据图像提供的"视觉线索"将鸟身上的细节自动补充完整。在图像关联的过程中，关联的内容与自身的视觉记忆有着密切的关系，因此通过图像关联建立的视觉图像可以出现因人而异的视觉体验，这种体验类似于"一万个人眼中有一万个哈姆雷特"。但是缺少相关视觉记忆的人很难形成图像关联。所以在面向缺乏相关视觉经历的群体时，采用风格简单的视觉设计往往会让玩家产生画面感缺失的体验。例如，在儿童游戏中使用素描风格的叙事画面，很难让孩子获得很好的画面感，因为孩子的视觉记忆相对较少，很难利用视觉记忆补充画面效果。但是在一些面向硬核玩家的游戏中，设计师会刻意在剧情动画中采用简单的素描风格。这种画面简单的叙事形式不仅可以让玩家将注意力集中到剧情叙述上，还能带给玩家一定画面联想。除了这种利用简单的视觉风格建立图像关联的设计方式外，设计师还会通过文字描述帮助玩家建立画面感。在以文字为主的游戏中，设计师会通过大量的文字进行环境描述，人物的面貌描述、语气描述以及动作和神态描述。这些对视觉图像的文字描述可以帮助玩家建立对应的图像关联，使其形成符合玩家想象的画面感，所以文字信息可以增强玩家的游戏代入感。

通过画面关联提升游戏代入感的另一种方法是强化玩家的移情效果。这种设计多出现于以图片文字为主的剧情导向游戏中。在这类游戏中，主角的相貌被刻意地隐藏起来，玩家只能看到主角的脸型、发型等笼统的面部形象。因为这种脸部细节的缺失可以强化玩家的图像关联效果，使其将自己心目中的外貌补充到角色脸上，从而强化玩家的移情效果，增强游戏的代入感。

最后，基于图像关联的原理还可以在游戏图像中简化次要信息的丰富程度，让玩家通过图像关联自动补充图像细节，从而降低游戏画面对硬件资源的要求。例如，可以通过降低屏幕边缘的画质和快速运动状态下的纹理细节，降低游戏对硬件资源的要求，并且保障游戏的视觉效果。

2. 抽象关联

在视觉成像过程中，我们的大脑除了能够利用视觉记忆补充图像信息外，还能根据看到的内容关联抽象记忆，例如当我们看到文字时会本能地想起其所代表的意思，看到儿时的相片时会唤醒童年的记忆。由于抽象关联可以让我们基于视觉信息调取不同的记忆，而这些记忆又可以对我们的认知方式、感官反馈和情感体验产生不同的影响，因此抽象关联的过程对游戏体验有着非常重要的影响。在游戏设计中，抽象关联的应用主要体现在认知性关联和情感性关联方面。其中认知性关联的作用是通过视觉信息唤醒玩家的知识性记忆，使其能够正确地理解游戏内容，从而产生符合预期的游戏行为。例如，为了便于玩家理解恢复道具的作用，设计师可将其设计成药瓶的样子。这种视觉设计能够唤醒玩家对真实药品的功能记忆，帮助其正确理解道具的作用。而情感性关联则是利用视觉刺激，激发能够引起玩家情感体验的记忆，从而增加游戏体验的深度和丰富性，带给玩家更强的心理影响力。例如，在动漫题材的游戏中，NPC 的外观会被设计成动漫角色，从而使玩家建立起情感关联，在利用视觉信息建立抽象关联的过程中，设计师有时需要玩家能够关联具体的内容，有时则只需要其建立模糊的概念。为此，在设计视觉信息时，设计师既可以通过详细的图像信息严格控制关联的内容，也可以利用带有隐喻的视觉特征传达某种模糊的概念。下面将介绍几种设计中常用的抽象关联方式，用以说明关联不同的抽象记忆所需的视觉信息类型。

在应用抽象关联的设计中，最常见的是利用颜色建立的抽象关联。设计师能通过一些具有特定含义的颜色或颜色对比关系带给用户不同的心理暗示，从而影响他们的认知方式，例如在白色背景上的红色图案总是会让人与医疗信息产生联系，因为医院和急救车上的白色背景与红色十字组合已经让人们形成了固有的认知记忆。再如，一些著名公司的 Logo 会使用几种简单的颜色组合，并将这种组合关系衍生为公司的 VI 体系，用在公司的产品、员工的服装等可以展示公司形象的设计上。这种利用特定颜色组合设计公司产品的方式可以将顾客对公司的记忆与颜色组合关联起来，使其每当看到类似颜色组合时就能想起这家公司。例如，快餐巨头麦当劳的红黄色组合不仅应用在店面的装修和公司的 Logo 上，还出现在公司的平面印刷品、产品包装上。由于红黄对比的视觉吸引力非常强，因此每当看到这个颜色组合时，我们就会想起该品牌。在游戏设计中，设计师同样可以通过使用特定的颜色组合唤醒玩家在生活中的概念认知，从而影响其游戏行为。例如，我们将希望玩家点击的按钮设计成绿色，将那些需要玩家慎重对待的操作控件设计成红色，就可以有效地影响玩家的选择倾向。之所以会产生这种效果，是因为我们在日常生活中已经建立了对这两种颜色的概念认知。交通指示灯的绿色表示可以通过，而红色表示禁止通行，路边指示牌的红色禁止标志提示了各种不允许的行为。通过这些生活中的颜色认知，我们会本能地建立起红色表示负面或禁止，而绿色表示安全和允许的概念认知。所以当我们把这两种颜色组合应用到游戏的按钮设计上时，就能够使玩家将当前的选择与这种概念认知关联起来，从而影响其选择行为。

| 关键点提示： 设计师可以通过带有认知偏好的颜色，引导玩家的游戏行为。

除了基于玩家已有的颜色认知建立抽象关联外，也可以利用特定的颜色组合建立新的抽象关联。例如，在游戏中利用统一的颜色组合设计虚拟组织的标志、服饰配色，可以让玩家将这些不同的事物与对应的组织概念关联起来，使其看到其中的任意一个事物时就能与虚拟组织的概念产生关联，从而强化了游戏世界观的表现力。另外，这种类似 VI 标识的颜色设计还可以根据世界观的设定应用到游戏的界面设计中。例如，当玩家扮演某个公司的雇佣兵时，游戏的界面配色可以模拟成该公司的 VI 配色，从而强化玩家的身份代入感。

| 关键点提示： 结合世界观使用特定的颜色组合可以增加玩家的代入感。

前面介绍了基于颜色组合建立抽象关联的设计应用，下面介绍利用图像信息建立抽象关联的作用。

在我们的大脑中存在着大量与图像信息有关的抽象记忆，因此设计师可以通过展示相应的图像信息来影响玩家的抽象关联内容。与颜色信息只能让玩家关联某种模糊的概念和意识不同的是，图像信息能够通过丰富的细节展示，让玩家对具体的记忆内容进行关联。例如，我们在看人物照片时很容易产生聚焦于该人物的记忆关联。此外，基于图像信息所产生的关联内容与所展示图像的详细程度还有着密切的联系。一般来说，图像内容越详细，观看者越容易建立准确的记忆关联，所以我们在利用图像信息进行视觉关联时，需要关注图像的"视觉还原度"是否能够引起玩家产生正确的关联效果，如图 8-44 表示的太阳图像。

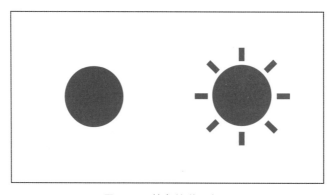

图 8-44　抽象关联：太阳

图 8-44 展示了两种表示太阳的图像，从图中我们不难发现，左侧的图形并不能很好地让观看者产生"太阳"的概念关联，因为红色的圆形也可能让人想起红色的球。而右侧的图形通过增加放射性线段，使图形更加符合人们对"太阳"的图像记忆认知，从而减少了观看者出现关联偏差的概率。因此当我们需要展示"太阳"这个概念时，右侧的图形拥有更高的视觉还原度。在游戏设计中，视觉还原度的概念经常用在还原既有题材的视觉设计中，例如影视或动漫作品的人物在游戏中的视觉还原度对激发玩家的情感体验有着重要的作用。但需要注意的是，不同玩家对角色的视觉还原度要求也存在差异。一般情况下，越硬核的玩家对视觉还原度的要求越高，这些玩家甚至不能接受角色在头身比例等细节设计上与原作的差异，因此在确定游戏的视觉还原度时，设计师需要考虑目标玩家的类型，确保视觉还原度能够促使这些玩家形成有效的抽象关联。

| 关键点提示： 视觉还原度是影响玩家建立抽象关联的重要因素。

由于图像信息可以建立精确的抽象关联，因此在游戏设计中，图像信息是建立具体规则认知和情感体验的主要手段。例如，FPS 游戏中的近战武器大多用扳手、撬棍等现实世界中常见的物品，这种外观设计可以让玩家快速地建立功能关联，并结合游戏的使用场景理解这些武器的近战特性。再如双管猎枪的外观设计，可以让玩家基于生活经历直观地理解射击两次后需要装填的机制。图像信息除了可以通过建立直观的抽象关联帮助玩家理解游戏规则外，还可以通过隐含的关联方式潜在地影响玩家行为。例如，设计师在玩家无法前进的道路上设置路障，从而让玩家下意识选择其他路线。总之，利用图像信息建立规则认知的原理是基于游戏需要表达的规则内容，找出玩家类似的认知经历，并通过视觉手段使其融入游戏设计中。

| 关键点提示： 使用代表玩家类似认知经历的图像可以有效提升视觉信息的易学性。

抽象关联的另一个应用是设计师利用图像信息使玩家与某种情感记忆产生关联，从而实现游戏的情感化设计。这里的情感记忆主要是指玩家的情感经历、人生梦想等对其有着强烈心理影响力的记忆内容。由于不同玩家的情感记忆存在一定的差别，因此设计师需要基于受众群的特点，找出这些玩家共同的情感记忆，并通过特定的图像信息建立情感关联。例如，针对 80 后玩家设计与童年有关的游戏道具时，可以使用任天堂红白机、四驱车等能够代表这代人共同回忆的视觉图像，使该年龄段的大部分玩家都能建立起有效的情感关联。在构建情感关联的过程中，设计师需要注意的另一个问题是受众群在情感记忆上的认知差异。这种差异主要体现在两个方面。

第一个方面是**玩家之间在知识领域上存在差异**，导致有些图像只能使少量的玩家建立情感关联，因此在选择图像信息时，需要注意游戏目标玩家在知识面上的差异。例如，为第二次世界大战（以下简称"二战"）题材的游戏设计军团图标时，设计师既可以使用二战名将的头像，也可以使用武器装备的图像。虽然这两种信息都能向玩家传递出游戏的世界观，但是显然利用武器图像作为军团图标可以让更多的军事迷玩家建立起情感关联，因为这些信息在各种影视作品和游戏设计中已经出现了很多次，因此它的受众面更广，玩家也更容易基于这些信息关联起在其他作品中的情感记忆，从而获得更加丰富的情感体验。

第二个方面是**玩家在情感记忆上的认知深度不同**，导致不同玩家在相关记忆中的情感激发点也存在差异，因此设计师需要根据玩家的认知水平选择能够有效激发玩家情感体验的图像信息建立抽象关联。继续以二战题材的游戏为例，在一些基于史实的战役关卡游戏中会展示与历史记录一致的武器配置、地形地貌和地物信息，而这种基于图像的历史还原可以有效地提升资深军事爱好者的情感体验，但是对于那些对二战历史并不是很了解的玩家来说，则无法产生类似的情感体验，因为这些玩家缺少相关的认知记忆，因此无法建立情感关联。

总之，综合不同玩家在情感记忆中的认知差异，设计师在利用图像建立情感关联时，应该优先关注能够引起大部分玩家产生情感关联的图像，其次关注那些可以引起资深受众产生情感关联的图像信息，因为前者是满足玩家基本情感需求的基础，而后者则是增加游戏深度和传播效果的手段。此外，除了使用特殊的图形信息建立情感关联外，设计师还可以通过更加抽象的形式创造情感体验。例如，我们在武侠游戏中使用竖向的文字排版构成一种特殊的版式图像，使玩家可以与阅读古书的情感记忆建立关联，从而增加阅读过程中的代入感。总之，在利用抽象关联建立情感化体验的过程中，设计师可以依靠任何图像形式建立起玩家的情感关联。

3. 感官关联

记忆关联最后的一个特点是能够使观看者通过视觉信息建立感官关联，这种关联效果类似于生物学中的应激反应，即当我们看到特定的视觉信息时，身体会本能地产生相应的反应。例如，当我们看到美食的图片时，我们会本能地分泌唾液。患有恐高症的人站在玻璃阳台向下看时，同样会产生眩晕的反应。这些视觉信息可以唤醒我们身体的本能反应。在游戏设计中，感官关联可以通过激发玩家身体的本能反应使其获得更加真实的游戏体验，其关联方式与抽象关联类似，都是通过使用能够激发玩家相关记忆的视觉信息引起玩家的记忆关联，从而产生相应的心理或生理反应。另外，在建立感官关联的过程中，设计师还需要注意视觉信息的关联效果和玩家的疲劳度。前者主要是关注视觉信息能够对玩家形成的感官刺激强度，而后者是玩家在反复刺激过程中因视觉刺激产生的疲劳感所导致的游戏体验下降的程度。在游戏设计中，一种常见的提升感观刺激强度的方式是在固有的游戏类型中加大玩家最感兴趣的那部分内容的视觉刺激，例如，FPS 游戏提升战斗过程的画面质量、增加画面的暴力程度，可以有效增加玩家的感观刺激程度。当然，在一些不依靠画面表现力的游戏中，通过视觉信息建立感官关联同样有助于提升游戏的体验效果。例如，在 RPG 游戏中提升美食的视觉表现力同样可以建立玩家的味觉感官刺激，提升游戏代入感。玩家的疲劳度与游戏经历同样存在着密不可分的关系，例如某类游戏的硬核玩家由于已经经历过大量的感官刺激，因此他们对大部分同类游戏的视觉刺激都会存在一定的疲劳感，如果要让视觉效果获得这批玩家的认可，就需要想办法做出超越他们预期的视觉设计。但是对于刚刚接触这类游戏的玩家来说，可能大部分视觉刺激都能使其产生强烈的感官刺激。所以在游戏制作过程中，设计师需要考虑视觉刺激的强度是否能够帮助玩家建立足够的感官关联，从而达到预期体验。

| 思考与实践 |

1. 视觉记忆分为哪两种？它们的区别是什么？
2. 在游戏设计中，当某种临时性工作的持续时间较长时，如何避免玩家反复建立相同的临时记忆？
3. 建立长时记忆最好方法是什么？
4. 如何避免长时记忆逐渐模糊的情况？
5. 记忆关联有几种形式？
6. 抽象关联的作用有哪些？

8.5　本章小结

在视觉设计中，设计师可以基于不同成像阶段中的视觉原理影响玩家的视觉行为或创造不同的体验效果。为了便于理解，我们将复杂的成像阶段分成了 4 个主要步骤，分别是视觉查询、特征识别、图像处理以及记忆激活。

视觉查询的过程是人眼通过快速地扫视获取视觉信息的过程。在这个过程中，设计师可以通过调整信息的排布顺序影响观看者的信息获取效率和思考的方式。例如，使用符合用户阅读习惯的文字排版顺序，提升用户的阅读效率，将具有思维导向性的信息放在最先看到的位置，引导观看者的思考方向。

特征识别是大脑辨认基础视觉图案的过程，在这个过程中我们可以对颜色、明暗、形状、运动等构成复杂视觉信息的基础元素进行识别，其识别效率远高于图案处理过程中的复杂图像识别。由于我们可以本能地注意到存在明显特征差异的视觉信息，因此设计师经常利用相关的视觉原理引导观看者的视觉注意力。

图像处理是将不同的视觉特征进行关联，形成复杂图像的过程。在图像处理的过程中，影响正确成像的原因主要有两个，分别是观看者是否拥有相关的图像处理经历，以及图像信息的关键关联特征是否充足。此外，图像处理的过程中，我们的大脑会根据一些图像之间的关联方式本能地产生包含关系、相连关系等逻辑认知。最后，在存在视觉变形的情况下我们的眼睛也能辨认出一部分信息，但前提是组成这些信息的关键特征点没有发生明显变化。此外，我们发现在图像处理步骤中大脑同时处理 3 ~ 4 个运动中的信息，因此当屏幕上同时出现 5 个以上的无规则运动物体时，就能让观看者眼花缭乱。

记忆激活则是构建视觉记忆和产生记忆关联的过程，它是我们基于视觉系统学习和思考的关键步骤。我们在建立视觉记忆的同时不仅可以记住视觉信息，还可以记住与之相关的抽象信息。例如，学习文字时，我们不仅可以记住文字的外形，也可以记住它所代表的意思。不过，在建立视觉记忆的过程中大部分记忆是临时记忆，这种记忆很快就会被遗忘。还有一小部分长时记忆需要通过使用恰当的学习方法进行反复记忆才能形成。因此在一些需要建立长时记忆的游戏内容上，设计师需要设计单独的学习场景对玩家进行引导，并利用一些提示手段不时地帮玩家巩固记忆效果。除了建立记忆外，在记忆激活的过程中我们还会根据所见内容唤醒相应的记忆内容，这些内容可能是一些图像，也可能是非视觉化的抽象记忆，甚至是一些感受。其中，在视觉成像的过程中，大部分的图像信息是通过关联已经存在于大脑中的图像记忆所得到的，因此我们很难发现那些图形上的细节变化。不仅如此，由于我们能够通过视觉信息唤醒相关的抽象记忆，因此设计师可以通过特定的图像信息提升玩家对游戏规则的理解效率或唤醒玩家的某种情感体验，从而增加游戏的体验效果。

注意，当我们主动发起视觉查找的需求时，在这 4 个成像步骤中的每个步骤都存在着一个视觉筛选过程。这个筛选过程基于一种由大脑主动发起的视觉查询需求，用于控制视觉系统专注于需要观看的信息。例如，当我们在水果店购买西瓜时，大脑首先会让视觉系统关注绿色、圆形的物体，此时西红柿、香蕉等视觉特征与西瓜不符的物体会在特征识别阶段被筛选掉，随后在图案处理阶段，我们会对形状更加复杂的视觉信息进行筛选，这时冬瓜等在纹理细节上与西瓜存在差异的物体就会被排除掉，最后当我们看到西瓜时还要根据相关的视觉信息唤醒挑选西瓜的记忆，根据西瓜的尺寸、纹理、色泽等视觉记忆挑出符合要求的西瓜。在这个案例中不难发现，在每个成像步骤过程中，大脑都会根据我们的需求控制视觉系统的相关成像步骤，进行主动的信息筛选，从而帮助我们找到需要看到的内容。

写在最后的话

　　游戏是一种通过为玩家创造特定体验从而实现设计目标的作品或产品。根据设计目标的不同，它既可以是商业作品，也可以是艺术作品，甚至还可以是某种工具。由于游戏体验是实现其产品目标的关键，因此游戏用户体验设计师需要关注玩家在游戏中的体验效果，从而确保游戏能够高效地实现其产品目标。在本书中，我们将游戏分为了体验层、机制层和表现层3个不同的设计层级，并且认为游戏的体验是从体验层经过机制层和表现层传递给玩家的，因此玩家感受到的游戏体验是这3个设计层级上的多种设计方法综合作用的结果。而关注这些设计方法能否准确且高效地将游戏体验传递给玩家，就是游戏用户体验设计师的主要工作。

　　在这3个设计层级中，表现层决定了游戏的视听效果和互动方式。由于在该设计层级中存在着大量的成熟设计方法，因此设计师不仅可以通过学习这些方法快速提升自身的设计水平，还能够以它们为标准，更加科学地分析游戏在表现层上的设计是否能够有效地向玩家传递游戏体验。

　　机制层是传递体验的规则集合，它对玩家的价值观和行为有着非常重要的引导作用。设计师可以基于游戏体验目标和游戏的设计定位确定相关机制的设计目标，并通过重新梳理游戏机制的需求循环和规则逻辑，判断游戏的机制能否被玩家有效地认知并准确地展现出相应的体验效果和设计目标。在对应的能力提升方法上，设计师可以通过借鉴大量成熟的设计模式提升自己在机制层方面的分析能力。

　　体验层是通过设计某种体验来实现游戏产品目标的设计层。体验层的设计水平不仅决定了游戏的核心竞争力，还决定了游戏在艺术、文化等不同领域的高度。遗憾的是，体验层的设计并没有太多成熟的模式可供借鉴，因为体验层的本质是基于设计师自身的思想境界展现出的对社会、对人性或者对环境等客观世界的洞察结果。在游戏设计中，有些设计师利用贪嗔痴等人性中的阴暗面来创造攀比、对抗等存在强竞争关系的体验环境，将玩家的价值观引向实用主义和物质追求的方向。但是也有些设计师通过互助、合作的社交关系构建出相互关爱的情感体验，让玩家能够在爱人与被爱的过程中获得轻松愉悦的成就感，使其更加看重有爱和共赢。在很多情况下，也许这种体验方向不同的设计都能实现游戏的设计目标，但是玩家的情感体验存在着很大差异，究竟选择哪种方式，则是设计师个人的思想和偏好所决定的。因此，作为游戏用户体验设计师和游戏设计师，提升体验层设计水平的方法并不在游戏领域或者设计领域内，而在于我们对人生经历的感悟深度以及从中展示出的个人价值观。

最后，在写作这本书的两年半时间中，通过不断地反思与总结，我终于将游戏体验的基本原理总结为了一种简单的层级关系，但是书中的内容也会受到本人知识水平和个人经历限制，可能存在片面的理解。不过我相信不少读者也会有自己的设计理论，因此我的体验设计理论并不重要，帮助读者从一个不同的角度思考游戏的本质才是本书最终的目标。而这种通过表象看清事物本质的能力，才是设计师需要终生提升的能力。

再次感谢您对本书的支持，谢谢！

2016 年 6 月～ 2018 年 10 月写于北京

2020 年 5 月改于北京

参考文献

[1] Jesse Schell. 全景探秘游戏设计艺术 [M]. 吕阳，蒋韬，唐文，译. 北京：电子工业出版社，2010.

[2] 唐纳德·诺曼. 情感化设计 [M]. 付秋芳，程进三，译. 北京：电子工业出版社. 2005.

[3] 罗伯特·莱曼，戴维·克罗宁，克里斯托弗·诺埃塞尔. About Face 4[M]. 倪卫国，刘松涛，杭敏，等译. 北京：电子工业出版社，2015.

[4] 维尔. 设计中的视觉思维 [M]. 陈媛嫄，译. 北京：机械工业出版社，2009.